L'ÉLECTRO-SIDÉRURGIE

FABRICATION ÉLECTRIQUE

DES

FERS, FONTES ET ACIERS

DU MÊME AUTEUR

Les Industries électrochimiques (Traité pratique de la fabrication électrochimique des métalloïdes et de leurs composés, du chlore, des alcalis et des composés du chlore, de l'ozone, de l'acide nitrique, des métaux alcalins et alcalino-terreux, des métaux usuels, du cuivre et du nickel, des métaux rares ou destinés à des usages spéciaux, des composés organiques). In-8°, 16×24, de 800 pages et 332 fig. 25 fr. »

Les Phénomènes radioactifs : le radium et ses propriétés. In-8°, 16×24, de 152 pages et 30 figures. . . . . 3 fr. »

Les Fours électriques et leurs applications industrielles. In-8°, 16×24, de xiii-535 pages et 221 figures, avec une planche en couleurs représentant l'arc électrique . . . . 18 fr. »

Le Magnétisme (Etude des lois qui régissent les aimants et les actions magnétiques terrestres). In-8°, 16×24, de 25 pages et 30 fig. 1 fr. 50

Les Piles hydro-électriques : leur origine, leurs transformations et leurs usages. In-8°, 16×24, de 47 pages et 35 figures. 2 fr. »

Le Carbone et son industrie (Diamant, graphite, charbon de cornue, coke, noirs industriels, houille). In-8°, 16×24, de 763 pages et 129 figures, avec une planche chromolithographiée. . . . . 25 fr. »

Le Verre et sa fabrication au four électrique. In-8°, 16×24, de 45 pages et 27 figures. . . . . 2 fr. »

L'Uranium : ses gisements, sa préparation et ses propriétés. In-8°, 16×24, de 24 pages . . . . 2 fr. »

Le Diamant et les pierres précieuses. In-8°, 16×24, de 33 pages et 19 figures. . . . . 1 fr. 25

L'ÉLECTRO-SIDÉRURGIE

FABRICATION ÉLECTRIQUE

DES

FERS, FONTES ET ACIERS

PAR

JEAN ESCARD

INGÉNIEUR CIVIL

Ancien élève du Laboratoire Central
de la Société internationale des Électriciens.

PARIS

LIBRAIRIE POLYTECHNIQUE CH. BÉRANGER, ÉDITEUR

SUCCESSEUR DE BAUDRY ET Cⁱᵉ

15, RUE DES SAINTS-PÈRES, 15

MAISON A LIÉGE, **21**, RUE DE LA RÉGENCE

1908

INTRODUCTION

Ainsi que son nom l'indique, l'électro-sidérurgie est la partie de la métallurgie qui s'occupe de la fabrication du fer et de ses composés carburés à l'aide du courant électrique. Ce dernier pouvant agir de deux façons, soit par électrolyse si l'on réduit son action à la décomposition des substances mises en jeu avec apport du métal à la cathode, soit par action électrothermique s'il a pour mission de fondre un mélange plus ou moins homogène de substances riches en fer, on doit considérer dans l'électro-sidérurgie ces deux actions comme complètement différentes et il faut par conséquent les étudier chacune sur un terrain isolé.

L'action électrolytique peut être utilisée tout aussi bien que l'action électrothermique et, de cette façon, elle peut jouer un rôle important dans la métallurgie du fer. Si ce côté de la question semble, à l'heure actuelle, être un peu négligé, c'est parce que l'on considère généralement que des difficultés trop grandes sont inhérentes à la méthode électrolytique. Son principal inconvénient, à notre avis, serait surtout de ne pouvoir donner naissance à de grandes quantités de métal avec une dépense de courant assez basse pour rendre rémunérateur un procédé quelconque basé sur son application directe. Par contre, elle permet de produire un métal si pur et doué de si excellentes qualités qu'il importe de ne pas négliger son emploi; il conviendra donc de la réserver à la préparation des fers destinés à des usages spéciaux et, de cette façon, elle pourra aboutir aux plus heureux résultats.

Quant à la méthode électrothermique, il est démontré qu'elle a passé la période d'expérience. Le four électrique sert aujourd'hui dans plusieurs grandes usines installées en France et à l'étranger pour produire d'énormes masses de fers et d'aciers pouvant atteindre jusqu'à 50 t et plus, de sorte qu'il peut rivaliser avec succès avec le Bessemer et le Martin jusqu'ici employés dans le raffinage de la fonte et la préparation de l'acier. L'énergie électrique étant toutefois d'un prix de revient assez élevé dans la majorité des cas où on l'emploie, il faut savoir la réserver aux préparations qui sauront en tirer le meilleur parti possible. Son grand avantage sur les autres sources d'énergie calorifique est qu'elle permet d'obtenir toujours un grand rendement, à cause de sa souplesse aux diverses exigences de la pratique et de son maniement facile au cours des réactions qu'elle met en jeu. Elle peut agir de deux façons, soit directement en produisant du premier jet de la fonte en partant du minerai, soit indirectement en n'intervenant que dans le raffinage de la fonte préalablement obtenue par les méthodes ordinaires.

Nous allons donc passer successivement en revue ces différents procédés en les complétant, suivant leur importance, par la description des appareils ayant donné jusqu'ici les meilleurs résultats. Le chapitre le plus détaillé de notre étude sera évidemment celui qui concerne la fabrication électrique de l'acier, en raison même de son actualité. Cependant nous croyons utile, pour préparer le lecteur à mieux le comprendre, de placer en tête de ce travail la description des procédés permettant d'obtenir électrolytiquement du fer, ce qui aura pour résultat de faciliter la compréhension des faits qui seront successivement exposés.

CHAPITRE PREMIER

PROCÉDÉS ÉLECTROLYTIQUES POUR LA FABRICATION DU FER PUR

Procédés Burgess et Hambuechen. — Les expériences récentes de Burgess et Hambuechen ont prouvé que le fer électrolytique pouvait être préparé par quantité et à un prix tels qu'il pourrait devenir un métal de valeur autant commerciale que scientifique, pourvu qu'une demande suffisante s'en présente. Mais on avait si souvent laissé supposer que le dépôt électrolytique dont il s'agit était une opération difficile à réaliser et qu'il y avait peu de solutions permettant de l'obtenir, que les premiers essais tentés n'ont pas eu de suite. On a même été jusqu'à affirmer qu'un dépôt de fer de qualité convenable ne saurait se produire qu'avec des densités de courant très faibles et avec une allure de dépôt extrêmement lente.

La dureté excessive du fer électrolytique rend celui-ci précieux pour l'aciérage de certains objets par suite de la présence, dans sa masse, d'hydrogène occlus, la seule impureté que l'on y rencontre réellement. Parmi les différentes hypothèses formulées sur l'origine de ce phénomène, les unes admettent que le gaz est simplement le résultat d'une condensation, les autres supposent la formation d'un hydrure. Le fer peut du reste en contenir jusqu'à 700 fois son propre volume, mais il est très facile de l'en débarrasser presque complètement à l'aide d'un simple chauffage.

Certaines recherches plus ou moins contradictoires ont

permis de reconnaître ou non, suivant les cas, la présence
du carbone dans le fer électrolytique. Burgess et Hambuechen ont cependant fait remarquer de quelle importance est
ce fait que le fer préparé par électrolyse peut être considéré
comme du *fer pur*, puisque le fer pur doit être classé parmi
les métaux rares. Dans le fer vulgaire ou fer ordinaire, on
rencontre toujours un grand nombre de matières étrangères,
parmi lesquelles on doit signaler principalement le manganèse, le silicium, le soufre et le phosphore.

Dans leurs essais, Hambuechen et Burgess ont d'abord
recherché quelles étaient pratiquement les meilleures substances à employer comme électrolytes, en tant que sels de
fer, en faisant varier la densité des solutions ainsi que l'intensité du courant et la température. Le sulfate ferreux
donne, à ce point de vue, d'excellents résultats s'il renferme
une certaine quantité de sulfate d'ammonium ; la densité de
courant à la cathode doit être comprise entre 6 et 10 ampères
par 0,09 m^2 de surface de cathode et demeurer plus faible à
l'anode. La température doit être voisine de 30° C et les
anodes, constituées par du fer et de l'acier forgé de qualité
ordinaire ; quant aux cathodes, elles sont fabriquées avec de
la tôle soigneusement nettoyée et découpée en feuilles. La
force électromotrice qui convient le mieux est celle de 1 volt.

La grande difficulté, dans cette opération, concerne principalement l'obtention de dépôts de fer suffisamment épais ;
la surface du métal se recouvre, en effet, assez rapidement
de rugosités ; elle devient inégale, le dépôt se recourbe et la
durée de chaque opération est ainsi forcément limitée.

Aujourd'hui, grâce à des améliorations notables, il est
possible de marcher pendant un mois sans interruption et
sans qu'il soit nécessaire de renouveler les cathodes. Le rendement est de 1 *gr* environ par ampère-heure, et quoique ce
procédé ne soit pas encore directement utilisable dans l'industrie, il a permis de préparer plus de 500 *kg* de fer pur
électrolytique. L'électrolyte peut être maintenu à peu de

frais dans un très bon état de conservation et, d'après les inventeurs, la méthode employée ne serait pas plus coûteuse que pour le cuivre.

Le fer obtenu dans ces conditions est toujours d'excellente qualité, car il titre 99,9 p. 100, sans la moindre trace de carbone, de manganèse et de silicium. L'hydrogène peut en être exclu par chauffage. Il est du reste facile de se rendre compte de cette transformation : quand le fer contient encore de l'hydrogène, il est cassant et assez dur pour ne pouvoir être scié ou limé que très difficilement ; au contraire, lorsque ce gaz en est expulsé par une élévation de température suffisante, il devient aussi doux que le fer de Suède.

Procédé Maximovitsch. — Dans ce procédé, on se sert de bicarbonate de fer comme électrolyte car, après une longue série d'essais, il a été reconnu que cette solution serait la plus satisfaisante quant aux résultats obtenus. Pour neutraliser les bains, on se sert de carbonate d'ammoniaque mais non d'hydrate et l'on constitue un bain avec la plus forte teneur possible en bicarbonate de fer. Le sel de départ choisi est le sulfate de fer ordinaire ou vitriol vert dont le prix d'achat n'est pas très élevé ; comme sel conducteur, on se sert de sulfate de magnésie.

Pour faire passer une partie de sulfate du fer à l'état de carbonate, on se sert du bicarbonate de soude, ce dernier étant, parmi les carbonates, celui qui renferme le plus d'acide carbonique ; mais il n'est pas nécessaire d'employer du vitriol vert pur.

L'opération électrolyte s'effectue de la manière suivante : dans un récipient de 6 litres de capacité, on électrolyse une solution contenant 20 p. 100 de sulfate de fer avec 7 molécules d'eau et 5 p. 100 de sulfate de magnésie avec 7 molécules d'eau également, les électrodes ayant 20 cm de longueur sur 15 de largeur. L'anode est en fer tandis que la cathode, en cuivre, est argentée et iodée préalablement afin de faciliter l'enlèvement ultérieur du dépôt de fer. Après avoir ajouté 25 *gr* de bicarbonate de soude, une masse jaune sale apparaît sur la surface, et, au bout de trois jours, elle se transforme en une pellicule bleu brillant, tandis que la solution, d'abord trouble, se clarifie ensuite.

De temps en temps, soit deux fois par semaine, il convient d'ajouter 20 à 25 *gr* de bicarbonate de soude à la solution; en un mois, la quantité de cette substance ajoutée est donc de 190 *gr* environ, soit une quantité suffisante pour précipiter 25 p. 100 de la quantité totale du sel de fer. La pellicule d'hydrate de fer protège la solution contre l'oxydation due au contact de l'air, surtout à froid. Cette pellicule de même que le dépôt ne doivent pas être enlevés. Dès qu'on a ajouté au liquide le bicarbonate, on fait passer le courant et l'on maintient celui-ci entre 0,2 et 0,3 ampère. Les premiers dépôts ont une couleur gris jaunâtre ; ils ne s'écaillent pas, mais ils sont cependant cassants et friables. Le fer devient ensuite de plus en plus solide et flexible et, après un mois, il acquiert une résistance à la traction de 5 180 *kg* par centimètre carré et il est assez souple pour pouvoir se courber complètement sans se briser.

Lorsque le rendement est satisfaisant, c'est-à-dire compris entre 97 et 99 p. 100, il n'y a pour ainsi dire aucune trace d'hydrogène dans le fer obtenu ; mais avec des bains fournissant un métal cassant et riche par conséquent en hydrogène, le rendement n'est que de 70 à 80 p. 100.

D'après Maximovitsch, les qualités d'un bain contenant des combinaisons d'acide carbonique sont peut-être dues à l'union des ions CO_2 avec les ions H pour former H_2O+CO_2. D'après cela, la concentration des ions H se trouverait réduite et les ions Fe se sépareraient presque seuls à la cathode. C'est ainsi qu'un bain riche en bicarbonate de fer ne fournit pas toujours du fer flexible : il faut que le courant agisse lentement et avec une densité de courant suffisante. Il semble également qu'une certaine quantité de fer anodique dissous ait une grande influence sur le dépôt ; ce phénomène serait analogue à celui qui se passe dans les bains électrolytiques des sels de nickel.

Quoi qu'il en soit, la présence des combinaisons carboniques joue un rôle essentiel dans cette précipitation du fer à la cathode : sans elle, il serait impossible d'obtenir des dépôts utilisables. Pour reconnaître la justesse de cette assertion, il suffit de citer le fait suivant : un bon bain perd, après un certain temps, une partie de ses qualités, et les dépôts qu'il fournit deviennent caverneux et friables ; si l'on introduit alors de l'acide carbonique pur dans la solution, celle-ci reprend son activité et ses qualités premières et il est impossible, par ce procédé, de maintenir très longtemps un bain électrolytique dans un état parfait.

Fabrication électrolytique du fer colloïdal. — Tous les métaux ne se prêtent pas à la formation de solutions colloïdales persistantes par pulvérisation cathodique dans l'eau, mais le fer peut cependant donner une solution qui dure plusieurs jours lorsque l'intensité du courant et la nature de la cathode sont convenablement déterminées. Ce sont ces deux facteurs qui influent le plus sur la grosseur des particules de fer pulvérisé et sur la persistance de la *suspension*.

Pour obtenir une solution colloïdale de fer, il suffit de provoquer la pulvérisation au sein d'une solution de gélatine ; lorsque le fil de fer est pulvérisé dans un récipient plat et ouvert, on obtient une solution jaune rougeâtre, mais, lorsque la pulvérisation a lieu dans un tube étroit, la solution prend une teinte verte. La première solution seule est persistante tandis que l'autre donne des dépôts rapides.

Si l'on fait traverser la solution jaune rougeâtre par un courant électrique, le fer se dépose à l'anode ; au contraire, dans la solution verte, la séparation du colloïde se produit à la cathode. Lorsqu'on laisse cette dernière en repos pendant quelque temps, elle se transforme en solution jaune si l'air a facilement accès à la surface du liquide ; sinon elle reste verte pendant plusieurs jours.

La couleur des deux solutions permet de laisser supposer que la solution verte contient l'oxyde ayant pour formule FeO^2H^2 et la solution jaune, l'oxyde ayant pour formule $Fe^2O^6H^6$. Les réactions chimiques avec l'acide sulfurique ou l'ammoniaque vérifient du reste pleinement cette manière de voir, de même que la transformation d'une solution en l'autre sous l'influence oxydante de l'air.

Propriétés du fer électrolytique. — L'inconvénient de la méthode électrolytique dans la préparation du fer consiste en ce que ce métal n'est que rarement recueilli dans un état nettement défini ; sa composition chimique et sa nature physique varient avec les conditions qui président à la formation du dépôt.

Grâce à des recherches méthodiques effectuées tout dernièrement au Laboratoire de Chimie appliquée de l'Université de Wisconsin, on a produit près d'une tonne de fer électrolytique comprenant des plaques de 2,5 *cm* d'épaisseur et pesant chacune de 30 à 35 *kg*, avec cette constatation économique que le fer peut être affiné à un degré et à un prix comparables à ceux du cuivre obtenu par les procédés électrolytiques.

D'après M. Blair, on est arrivé, dans des essais pouvant cette fois être appliqués à l'industrie moyennant quelques modifications pratiques peu importantes, à produire un métal très fin dont les impuretés, d'ailleurs très minimes, présentent les pourcentages suivants :

IMPURETÉS DU FER	N° 1	N° 2
Soufre	0,0	0,001
Silice	0,013	0,003
Phosphore	0,004	0,020
Manganèse	0,004	0,0001
Carbone	0,012	0,033
Hydrogène	0,072	0,083

La présence de l'hydrogène dans une proportion de beaucoup supérieure à celle des autres impuretés nous permet de nous rendre compte des propriétés mécaniques caractéristiques du fer électrolytique. Nous avons vu, en effet, que le fer ainsi obtenu était dur et cassant, au point de pouvoir être facilement réduit en poudre, alors qu'il devient doux et malléable sous l'action de la chaleur.

Quant aux propriétés magnétiques du fer électrolytique, elles sont profondément modifiées par l'action de la chaleur. Des études suivies ont permis de le constater en utilisant la relation qui existe entre la force coercitive, la perméabilité, les constantes hystérésitiques du fer et la température à laquelle il est soumis. En précipitant du fer à l'aide d'une solution légèrement acide de sulfate ferreux contenant une petite quantité de sulfate d'ammonium, on a pu préparer des plaques de fer électrolytique ayant 2,5 *cm* d'épaisseur ; les plaques unies étaient façonnées en anneau par forage et meulage, mais en ayant soin de ne pas échauffer le métal ainsi préparé.

Le premier échantillon soumis aux essais avait un rayon moyen de 4,34 *cm* et une section rectangulaire droite de 1,158 *cm* sur 1,278 *cm* ; l'enroulement primaire, constitué par du fil de 1,024 *mm* de diamètre, avait été choisi de manière à donner une intensité de champ de 20 gauss pour un courant de 1 ampère. De cette façon, il était facile d'obtenir des courbes d'hystérésis telles que celles représentées par la figure 1 ci-après. La courbe I permet de révéler quelques propriétés remarquables du métal : le fer étudié est évidemment très dur ; sa force coercitive est de 18 gauss et sa rétentivité de 10 000 gauss.

Pour étudier l'action de la chaleur sur les propriétés de ce fer, il faut débarrasser l'anneau de ses enroulements, et, après l'avoir enduit d'une couche d'oxyde de magnésium, le soumettre pendant huit heures à la température de 1 200° C.

Le fer essayé fut alors trouvé beaucoup plus doux que pré-

cédemment, comme on devait s'y attendre et son essai par la
méthode progressive donna, pour l'induction, des valeurs de
17 p. 100 plus élevées que celles fournies par la méthode
des renversements. On a pu établir de cette façon la courbe III

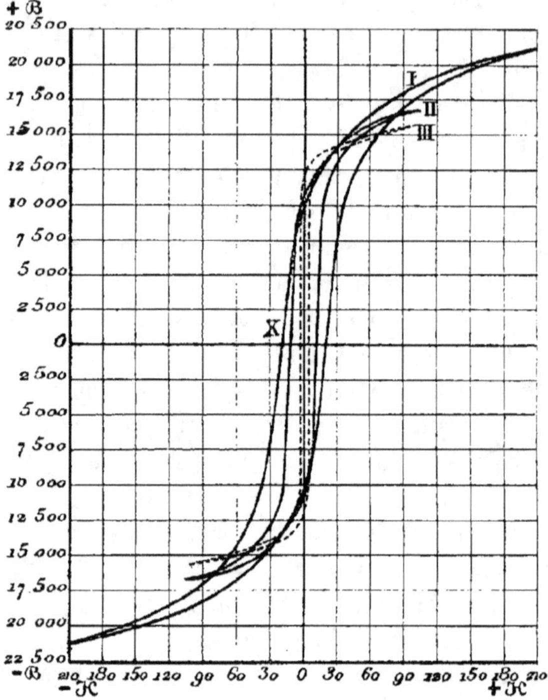

Fig. 1. — Propriétés magnétiques du fer électrolytique (courbes d'hystérésis).

qui dénote, par comparaison, une profonde modification par
l'action de l'élévation de température. Le fer se trouve alors
dans une condition assez voisine de l'acier doux, avec une
force coercitive de 2,5 gauss environ et une rétentivité de
12 500. En le soumettant à une nouvelle élévation de température, supérieure à 1 200°, on ne constate plus de chan-
gements appréciables quant à ses propriétés magnétiques.

Un troisième essai, effectué au moyen d'un anneau de fer
électrolytique précipité d'une solution sensiblement plus

neutre que précédemment, a fourni la courbe II, tout à fait comparable à la courbe I, à cela près que les particularités en sont moins accentuées. Cet anneau avait un rayon moyen de 4,175 *cm* et une largeur, en section droite, de 0,97 *cm* sur 0, 768 *cm* ; les nombres respectifs des spires des enroulements primaire et secondaire étaient de 418 et 350. Ce fer est donc encore très dur, moins cependant que le premier échantillon.

Bain électrolytique d'aciération. — On n'est arrivé jusqu'ici que très difficilement à donner une enveloppe galvanique de fer aux objets métalliques et cela s'explique par la difficulté qu'il y a à former une couche de métal ayant à la fois de l'adhérence et de l'uniformité.

On peut cependant composer un excellent bain d'aciération en faisant dissoudre, dans un récipient en fonte de 100 litres d'eau, à moitié rempli, 1 *kg* de bromure de potassium et 5 *kg* de limaille de fer ou de fonte et acier. On chauffe le bain en remplaçant constamment l'eau qui s'évapore et on laisse refroidir ; puis on remplit complètement d'eau froide le récipient, sans éloigner la limaille.

Le bain ainsi préparé a une durée illimitée ; lorsqu'il devient trouble par l'usage, on se contente de l'échauffer pendant quelques instants et de l'additionner de petites quantités de bromure de potassium et de sel ammoniac pour le clarifier et le rendre propre à de nouvelles opérations.

Le procédé Sprague consiste à se servir de chlorure double de fer et d'ammonium : ce sel serait, d'après l'inventeur, plus avantageux que le sulfate, mais il est bon de l'additionner d'une certaine proportion de glycérine pour en retarder l'altération.

Le bain Austin se compose d'une solution de sulfate ferreux et de sulfate de magnésie, neutralisée par du carbonate de magnésie. L'objet à recouvrir est en relation avec le pôle négatif de la source d'énergie électrique, tandis qu'une anode

en fer ayant à peu près les mêmes dimensions que ce dernier communique avec le pôle positif. Le succès de l'opération dépend, en grande partie, de la densité de courant
employée, laquelle ne doit pas être supérieure à 1,8 ampère
par mètre carré de l'objet à recouvrir.

CHAPITRE II

PROCÉDÉS ÉLECTROTHERMIQUES POUR LA FABRICATION
INDUSTRIELLE DE LA FONTE DE FER

Généralités. — Considérations techniques. — Le but poursuivi par tous les électrométallurgistes qui s'occupent à l'heure actuelle de la fabrication électrique de la fonte, est la combinaison d'un appareil et d'un procédé d'extraction permettant le traitement des minerais de fer en réduisant le rôle du charbon à celui de réducteur, l'énergie calorifique nécessaire à cette opération étant fournie par le courant électrique.

La solution de ce problème industriel est loin d'être aisée à atteindre, les hauts-fourneaux actuels donnant de très bons résultats au point de vue de l'économie dans la consommation du combustible. L'énergie électrique étant de plus très coûteuse, elle ne peut se substituer avantageusement à l'emploi du charbon que dans quelques cas exceptionnels, particulièrement dans les régions où les mines de houille font presque complètement défaut, où les frais de transport du minerai et des combustibles sont importants et où, par contre, il serait facile d'installer une usine hydro-électrique fonctionnant à l'aide d'une turbo-dynamo, comme cela peut se présenter dans les pays où les chutes d'eau ne sont pas encore utilisées, quoique importantes.

Si l'on compare les avantages réciproques de la houille et de l'énergie électrique, il est facile de se rendre compte que c'est la première qui tient le haut rang. En effet, on admet généralement que la combustion de 1 kilogramme de charbon de qualité courante produit 7 500 calories ; les 20 p. 100 environ de cette quantité de chaleur, soit 1 500 calories, sont seuls utilisables. D'autre part, un cheval-heure équivaut à 635, 3 calories et, en admettant un rendement de 80 p. 100, à 508 calories environ.

En tenant compte de la valeur du charbon et du prix de revient du cheval-heure électrique, on voit nettement qu'il serait déraisonnable de remplacer le chauffage au charbon par le chauffage électrique dans une opération métallurgique n'ayant pour but que la production de la fonte de fer. Avant d'arriver à une production électrique de la fonte à bon marché, il faudra passer de la période d'expérimentation à celle des essais industriels effectués dans les régions mêmes où les usines futures devront être installées : cela est facile à prévoir.

D'après M. Keller, qui a étudié pratiquement la réduction électrique des minerais de fer, l'emploi de l'électricité dans ce traitement n'est économiquement et pratiquement réalisable que :

1° S'il s'agit de la fabrication de fontes spéciales provenant de minerais purs arrivant à l'usine hydro-électrique dans de bonnes conditions économiques de transport ;

2° S'il s'agit de créer la métallurgie du fer dans un pays où elle n'existe pas encore, où le charbon doit être importé de loin, où le minerai de fer est abondant et de bonne qualité et où les forces naturelles existent à proximité des mines de fer.

De son côté, M. Gin, à qui l'on doit des procédés nombreux de fabrication électrique de l'acier, s'exprime ainsi au sujet de l'avenir qui semble réservé à l'électro-sidérurgie :

« On peut estimer, dit-il, que la solution technique de ce problème est un fait accompli, mais il convient de faire quelques réserves au sujet du résultat économique. Il ne faut pas oublier, en effet, que si l'électricité est la plus maniable des formes de l'énergie, elle est généralement aussi la plus coûteuse. Il ne faut donc l'utiliser qu'à bon escient et en limiter l'emploi aux seules applications dans lesquelles s'affirme nettement sa supériorité. En examinant attentivement toutes les données du problème, il est facile de se convaincre que l'application de l'énergie électrique à l'extraction directe du fer de ses minerais ne peut être avantageuse que dans des conditions tout à fait exceptionnelles.

« Il faut reconnaître d'abord que le haut-fourneau moderne

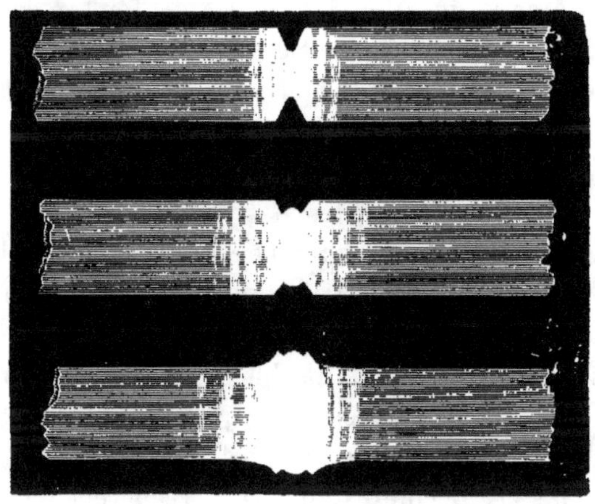

Fig. 2, 3 et 4. — Soudure autogène du fer par la méthode électrothermique (différentes phases de l'opération).

au perfectionnement duquel tant de métallurgistes ont consacré leurs efforts, est un merveilleux outil métallurgique, dans lequel l'utilisation calorifique se rapproche tellement de la perfection, que c'est poursuivre une utopie que de vouloir lui substituer le four électrique, cette substitution n'étant du reste admissible que dans certaines régions particulièrement favorisées au point de vue hydraulique et minier.

« Mais il n'en est plus de même si l'on réduit le rôle de l'énergie électrique à la transformation en acier de la fonte brute. Dans ce cas, le four électrique l'emporte nettement sur le four Martin, pourvu toutefois que l'énergie électrique soit obtenue à un prix acceptable, par l'intervention d'une puissance hydraulique ou même par l'utilisation de l'énergie disponible dans les gaz des hauts-fourneaux. Dès que sera accomplie par ce dernier moyen l'union du haut-fourneau pour la fonte, du convertisseur Bessemer pour les aciers communs et de l'épurateur électrique pour les autres aciers, l'industrie sidérurgique aura réalisé l'utilisation la plus parfaite de la puissance calorifique de la houille ».

Historique de la question. — L'idée de fondre du fer ou de l'acier au moyen du courant électrique et d'appliquer la chaleur de l'arc voltaïque à la fabrication de la fonte n'est pas si nouvelle qu'on le croit généralement, puisque dès le milieu du siècle dernier, c'est-à-dire depuis plus de cinquante ans, nous voyons des chimistes, des physiciens et des industriels s'occuper activement, quoique sans résultat, de la production de la fonte de fer à l'aide de l'électricité. Il ne sera donc pas inutile, afin de bien présenter à nos lecteurs l'état de la question, de leur faire un historique aussi exact que possible des essais tentés jusqu'à ce jour dans ce but, cette énumération ayant pour but principal de montrer l'élan qu'a surexcité dans ces dernières années la recherche de la mise au point de cet important problème.

Le premier four électrique véritable qui ait été construit pour la métallurgie du fer est celui de Pichon, breveté le 16 mars 1853 et qui avait pour but, ainsi que nous le verrons plus loin, de réaliser « une application économique et générale de la lumière électrique à la métallurgie et principalement à celle du fer ». La même année, Johnson, en Angleterre, prit un brevet relatif à un four ayant une disposition semblable à celui de Pichon et, quelques années plus tard, en 1862, l'Anglais Monckton indiqua la carburation électrique pour la production de l'acier. Mais les moyens dont on disposait à cette époque pour produire l'énergie électrique ne permirent cependant pas d'étendre à l'industrie les appareils imaginés.

En 1878, apparaissent les fours de Lane Fox, d'Edwars, de Lontin et Bertin et enfin celui de Siemens qui figura en 1881 à l'Exposition internationale d'Electricité.

En 1886, l'industrie métallurgique bénéficia d'un creuset de fusion où l'opération pouvait se faire en présence de gaz inertes. Menges construisit également un four électrique la même année et, deux ans plus tard, W. Cross puis Reuleaux inventèrent des hauts-fourneaux intéressants mais ne pouvant malheureusement recevoir aucune application pratique.

Des appareils plus ou moins ingénieux se sont depuis succédé sans interruption et chaque jour, nous assistons à de nouvelles prises de brevets, les derniers procédés indiqués marquant un véritable progrès dans l'industrie électrométallurgique, quoique se différenciant souvent d'une façon presque surprenante comme conception théorique ou pratique.

Parmi les fours inventés dans ce but, nous citerons donc, par ordre chronologique, ceux de Pichon (1853), de Siemens (1879), de Ferranti (1885), de Shaw et Allis (1891), de De Laval (1892), d'Urbanitzky (1893), de Taussig (1894), de Gin et Leleux (1897), de Stassano (1898), de Kjellin-Bénédicks (1900), de Keller, d'Héroult, de Saladin-Schneider, d'Harmet et de Ruthenberg (1901), de Couley (1902), de Gin (1903), de Girod (1904), de Galbraith et Stewart (1905), de Colin, de Limb et de Hiort (1906).

Avant de décrire ceux de ces appareils qui méritent le plus notre attention, nous devons ajouter que si l'électricité n'est encore qu'à ses débuts comme agent de chaleur dans la fabrication du fer, par contre on l'emploie depuis longtemps avec succès pour le travail du fer, en remplacement du chalumeau oxhydrique, et peut-être pourrait-on trouver dans cette industrie bien spéciale la première idée de la préparation de la fonte et des aciers au four électrique.

Déjà, en effet, en 1867, Wilde portait au rouge blanc des fils métalliques de 3 à 6 mm de diamètre en les faisant traverser par un courant électrique d'intensité suffisante ; en 1881, Siemens put souder facilement des fils de fer en employant un courant de 60 ampères et en 1887, Joule indiqua, dans son mémoire sur la fusion des métaux par l'électricité les principales conditions de la soudure électrique ; néanmoins c'est à Thomson que l'on doit les premiers essais industriels de cette découverte.

Sans insister sur la description des nombreux procédés imaginés dans le but d'arriver à des résultats satisfaisants, nous indiquerons simplement sur quel principe ils reposent. Si l'on met deux barres ou tiges de métal, dont les extrémités se touchent, en communication respective avec les pôles d'une source d'énergie électrique pouvant fournir une très grande intensité, la résistance énorme qu'offrent les rugosités et l'oxydation légère des surfaces de contact déterminent, pendant le passage du courant, une grande élévation de température. Dès que la température de soudage est atteinte, on presse rapidement les barres l'une contre l'autre, et il ne reste plus alors qu'à laisser refroidir leur point de jonction. Les figures 2, 3 et 4 montrent l'application pratique de ce procédé en permettant de se rendre compte des différentes phases de l'opération : on y voit que la soudure est tout à fait homogène au point de contact des deux tiges métalliques, ce qui prouve que la fusion du fer s'y est opérée complètement et rapidement.

Par un procédé analogue, on peut « tremper » l'acier par l'action du courant électrique. Il suffit, pour cela, en effet, de soumettre les faces des pièces en acier à l'action de courants intenses amenés soit par des électrodes de charbon, soit par l'intermédiaire d'une masse granuleuse de charbon. De cette façon, la face de la plaque métallique est rapidement portée à une température élevée et elle s'imprègne jusqu'à une certaine profondeur de particules de carbone provenant des électrodes sous l'action du courant. La profondeur de pénétration du carbone et le durcissement qui s'ensuit sont fonction de l'intensité du courant et de la durée pendant laquelle on fait agir celui-ci. Cette opération peut très bien s'appliquer à la trempe des rails, et, dans ce cas, les électrodes peuvent être déplacées le long du rail ou inversement, selon la commodité et l'espace dont on dispose. On peut également l'utiliser pour la trempe des plaques de blindage.

Premiers essais de fabrication électrique de la fonte de fer. — Four Pichon. — Bien que l'utilisation de la chaleur énorme de l'arc voltaïque (2500° à 3500° environ) ait fait l'objet de nombreuses recherches des savants bien avant l'invention de Pichon, on peut considérer celle-ci comme le premier pas vers l'emploi pratique de l'électricité comme agent calorifique. Etant donné l'intérêt de cette découverte, nous reproduirons intégralement le texte même du brevet de Pichon :

« Brevet d'invention de quinze ans du sieur Pichon, chimiste, préparateur à l'Ecole de chimie pratique, demeurant à Paris, rue de Vendôme, n° 16 (n° 15.880).

« *En date du 16 mars 1853, pour une application économique et générale de la lumière électrique à la métallurgie, et principalement à la métallurgie du fer, pour fondre et réduire toute espèce de minerais et de métaux en remplacement de toute espèce de combustibles.*

« Au moyen de la lumière électrique dans la métallurgie du fer, on diminue d'abord de hauteur les fourneaux connus sous le nom de hauts-fourneaux, dont la hauteur est de 8, 10, 15 et même 18 m; nous les remplaçons, en effet, par des fourneaux de 4, 5, 6 m au plus. Ensuite nous diminuons de $\dfrac{199}{200}$ la quantité énorme de combustibles que l'on est obligé d'employer avec les hauts-fourneaux.

« Nous mélangeons le minerai de fer comme dans toutes les mines : mine argileuse, mine quartzeuse et mine calcaire, ou carbonate de chaux, si nous n'avons pas de mine calcaire ; et s'il y a lieu, nous ajoutons de plus 1/100 de poussier de charbon et de coke. Voici maintenant comment nous procédons :

« Dans l'ouvrage O (fig. 5), on dispose un, deux ou plusieurs systèmes de charbons coniques à une extrémité ; ces charbons sont fabriqués exprès de la même manière que ceux que l'on emploie pour produire en petit la lumière électrique, tant dans les cours publics que dans les exhibitions

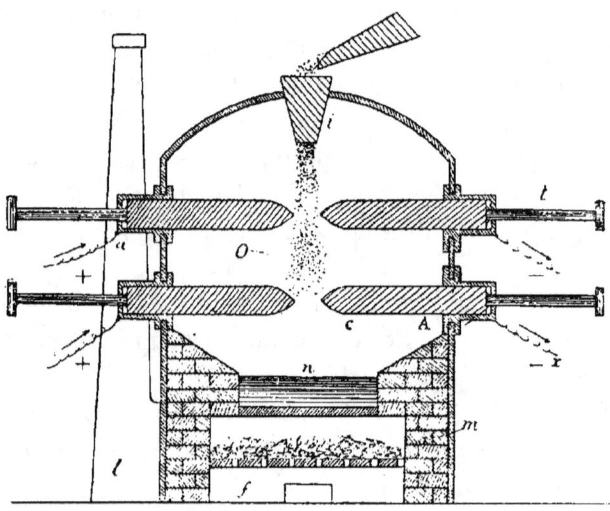

Fig. 5. — Four Pichon (1853) à électrodes horizontales.

particulières. Ces charbons, dont notre dessin (fig. 7 et 8) donne un modèle, sont des prismes à base carrée de 60 *cm* et d'une longueur de 3 *m* ; une extrémité, sur une longueur de 50 *cm*, est taillée en cône.

« Telles sont les dimensions de nos charbons ; mais, suivant la destination, nous en employons de moindres ou de plus fortes. Nous donnons le nom de *système* à l'ensemble de deux de ces charbons placés dans le même plan vis-à-vis et en face l'un de l'autre.

« Dans notre dessin (fig. 5 et 6), on voit dans l'ouvrage O deux systèmes de charbon *c* ou *c'*, disposés bien l'un au-dessous de l'autre ; au-dessous des deux systèmes se trouve placé le creuset n au-dessus d'un foyer f avec une cheminée latérale l ; ce foyer est destiné à entretenir la chaleur du creuset en cas de besoin, sinon on le supprime.

« Au-dessus des systèmes, au haut du fourneau, est un cône métallique creux i ; au-dessus du cône il y a un plan incliné ; ce plan incliné amène la mine préparée comme il

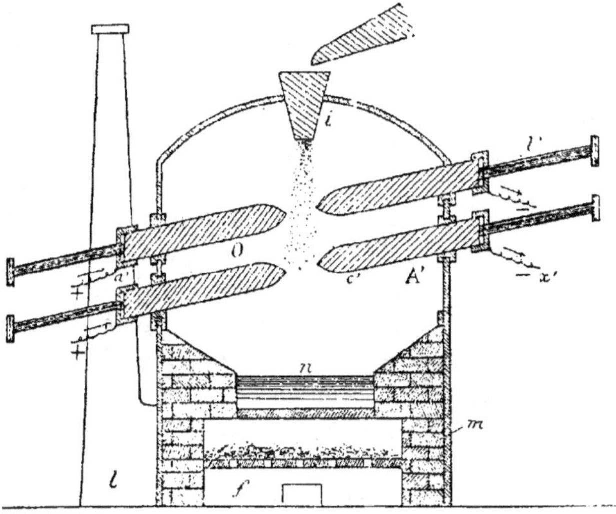

Fig. 6. — Four Pichon à électrodes inclinées.

est dit ci-dessus et la fait tomber dans le cône. L'extrémité du cône est percée d'un trou plus grand que l'extrémité du plan incliné qui amène la mine. L'extrémité du cône est située au-dessus de l'écartement des deux charbons de chaque système, de telle façon que la mine tombant du cône traverse les intervalles des charbons de chaque système.

« Donc, dans notre ouvrage O, nous avons deux ou plusieurs systèmes de charbon c, dont la base est enveloppée d'une armature métallique. Chacune de ces armatures est munie d'un anneau a, destiné à attacher le conducteur x de l'électricité à une tige t avec vis et tampon, dans le genre de celle des

porte-crayons destinés à faire avancer le charbon conique à
mesure qu'il se consume.

« Ces dispositions une fois prises, il n'y a plus qu'à attacher les conducteurs de l'électricité x aux anneaux des armatures de chaque charbon ; et immédiatement la lumière électrique se produit entre les extrémités coniques des charbons.
A ce moment, il n'y a plus qu'à faire arriver la mine par le
cône métallique qui domine le fourneau. Cette mine traverse
la lumière électrique de chaque système, se fond, et le métal
fondu ainsi que la gangue arrivent
dans le creuset n, où la densité de
chacun d'eux les sépare.

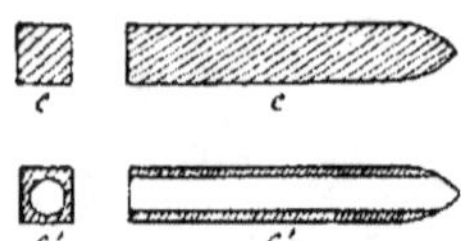

Fig. 7 et 8. — Détails des
charbons-électrodes du
four Pichon.

« La figure 6 représente une seconde disposition de nos systèmes de
charbon. Dans la figure 5, les systèmes
sont placés horizontalement, ici ils
sont placés en plan incliné. De plus, le charbon c', dont nous
donnons le dessin séparé (fig. 7 et 8), est creux dans toute sa
longueur ; ce creux est cylindrique, sa base est de 40 cm
et sa hauteur, qui est par conséquent la longueur du charbon, est de 3 m. Ce charbon est ainsi disposé, afin d'y faire
arriver la mine ou le métal à fondre, et on le fait avancer
dans la lumière électrique au moyen de la tige t', tant qu'il
en reste dans le cylindre ; quand il n'y en a plus, on retire
la tige et on charge le charbon-cylindre creux de nouveau.

« Nous avons dit que, dans certains cas, nous employons
plus de deux systèmes : quelquefois nous en employons 6
et même 9. Dans le cas de 6, d'après la seconde distance, il
n'y a que deux systèmes qui aient un charbon semblable au
charbon c. Dans le cas de 9, il n'y a que trois systèmes ; et,
si nous devions en employer 12, il n'y en aurait que 4.

« Nous ne croyons pas devoir entrer ici dans les détails du
générateur d'électricité, pas plus que si nous parlions d'une
nouvelle machine à vapeur, nous ne parlerions du générateur
de vapeur ; de même qu'il y a des générateurs de vapeur de

toutes formes, de même il y a mille moyens pour produire de l'électricité, tels que : piles de toutes sortes, machines électriques, machines et chaudières à vapeur, aimants, électro-aimants, etc., etc. ; nous dirons seulement que nous adoptons la source d'électricité la plus puissante comme la plus économique, produite au moyen des piles, d'électro-aimants et d'une roue hydraulique ou d'une machine à vapeur ; mais ce n'est pas pour cet objet que nous sollicitons un brevet d'invention, c'est seulement pour l'application de la lumière produite au moyen de l'électricité. »

L'exposé très précis du brevet de Pichon nous laisse à supposer que le four, projeté sur le papier, n'a jamais dû sans doute être mis pratiquement à l'essai ; en effet, son inventeur se serait bien vite rendu compte qu'à une époque où la machine dynamo n'était pas encore inventée, il lui eût été particulièrement difficile d'obtenir à bon marché de l'énergie électrique, celle-ci devant, de plus, alimenter un four de 5 m de hauteur avec des charbons d'une longueur de 3 m. Quoi qu'il en soit, on doit cependant reconnaître que le fourneau électrique ci-dessus décrit aurait très bien pu être utilisé industriellement aujourd'hui avec quelques modifications de construction et avec un système automatique permettant de faire avancer les charbons vers le centre de l'appareil au fur et à mesure de leur usure due à la combustion au contact de l'air.

Fours de Siemens. — Les fours électriques imaginés par Siemens en 1879 étaient principalement destinés à la fusion des métaux et des fontes. Le premier construit se compose (fig. 9) d'un creuset ordinaire, en plombagine ou en toute autre matière réfractaire. Ce creuset est placé dans une grande enveloppe et distant de celle-ci par un espace rempli de charbon de bois tassé ou d'une autre substance mauvaise conductrice de la chaleur. Au fond du creuset, se trouve un trou cylindrique destiné au passage d'une tige de fer, de

platine ou de charbon dense, tel que celui employé alors
pour l'éclairage par l'arc électrique. Le couvercle du creuset
est également muni d'un passage destiné à l'électrode négative, constituée généralement par un cylindre de grande
dimension en charbon aggloméré. Cette électrode négative
est munie d'une lame métallique qui la tient à l'extrémité
d'un balancier pivotant autour d'un axe horizontal situé en
son milieu. Un dispositif très ingénieux et sur la description duquel nous n'avons pas à nous
étendre ici réglait automatiquement
l'arc jaillissant dans le creuset, de
sorte que l'intensité du courant se
maintenait sensiblement constante pendant toute la durée des opérations.

C'est au moyen de cet appareil que
Siemens a pu fondre 500 grammes
d'acier en un quart d'heure, en employant un courant de 40 ampères sous
37 volts, c'est-à-dire une quantité
d'énergie électrique équivalente à
1,6 *chv*. Le rendement de son four
était donc de 36 p. 100 seulement environ. Dans une seule opération, le
même inventeur a pu fondre jusqu'à

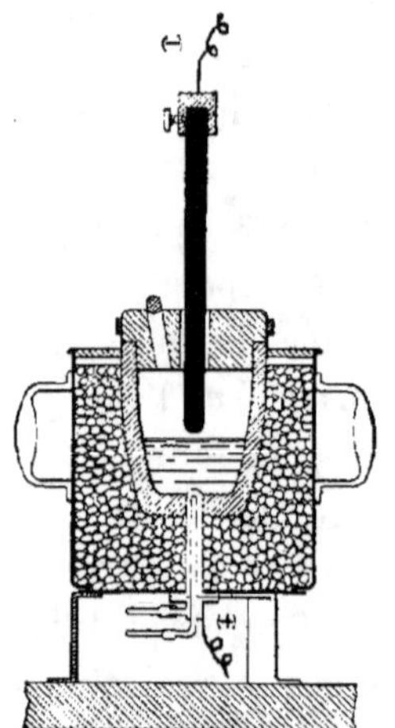

Fig. 9. — Four Siemens à
électrodes verticales.

9 *kg* d'acier de lime en une heure et dans une autre, il a
fondu 3,6 *kg* de platine en un quart d'heure. Il obtenait assez
facilement la fusion des fontes à l'aide de cet appareil, mais il
ne paraît pas avoir convenablement réussi à fondre par grandes
quantités les métaux réfractaires.

Le pôle par lequel le courant arrive à la partie inférieure
du creuset peut être constitué par une tige métallique non
refroidie, mais on le constitue de préférence par un corps
métallique creux refroidi par une circulation d'eau. De cette
façon, la chaleur reste confinée à l'intérieur du creuset malgré la grande conductibilité des électrodes et celles-ci

demeurent ainsi intactes pendant toute la durée de la fusion.

Siemens a également fait breveter en Angleterre un autre appareil se composant essentiellement (fig. 10) d'un creuset de charbon chauffé par un arc jaillissant entre deux électrodes A et B disposées horizontalement à l'intérieur du four. Le creuset, au fond duquel on dispose la matière à fondre avant la mise en marche de l'expérience, est percé de deux ouvertures qui livrent passage aux électrodes. L'appareil est

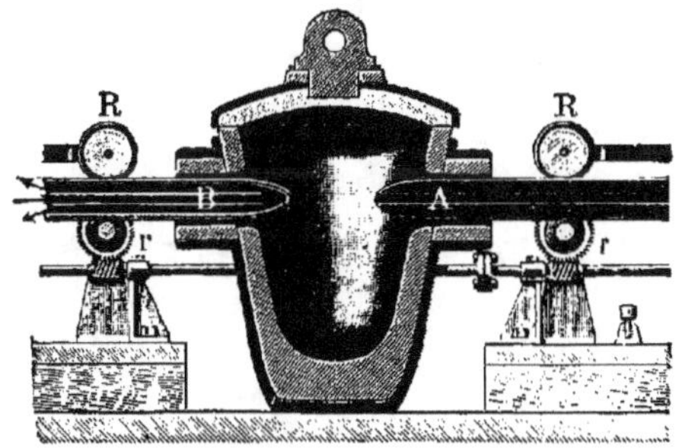

Fig. 10. — Four Siemens à électrodes horizontales.

de plus recouvert d'une plaque épaisse de charbon destinée à éviter le contact de la chambre de fusion avec l'air extérieur.

Les électrodes n'ont pas la même composition : celle qui est reliée au pôle positif est simplement formée d'une baguette pleine tandis que l'autre, c'est-à-dire l'électrode négative, est constituée par un tube métallique refroidi constamment soit par un courant d'air froid, soit plus généralement par une circulation d'eau rapide. La baguette positive A peut au besoin être remplacée par une tige percée d'un trou cylindrique suivant son axe, par lequel on peut faire arriver un gaz quelconque dans l'appareil, un réducteur par exemple, si cela est nécessaire. Enfin, à l'aide de poulies R et de roues dentées r, on peut rapprocher automatiquement les deux électrodes au fur et à mesure de leur usure et les écarter lorsque l'arc devient trop court et menace de s'éteindre.

Fours Shaw et Allis, De Laval, Urbanitzky, King et Watt.
— Le four Shaw et Allis (fig. 11), qui date de 1881, était
destiné à la fusion de la fonte ; à sa base, il possède un
étranglement bf, et c'est à cet endroit que sont placées les
électrodes de charbon c et c' que l'on rapproche l'une de

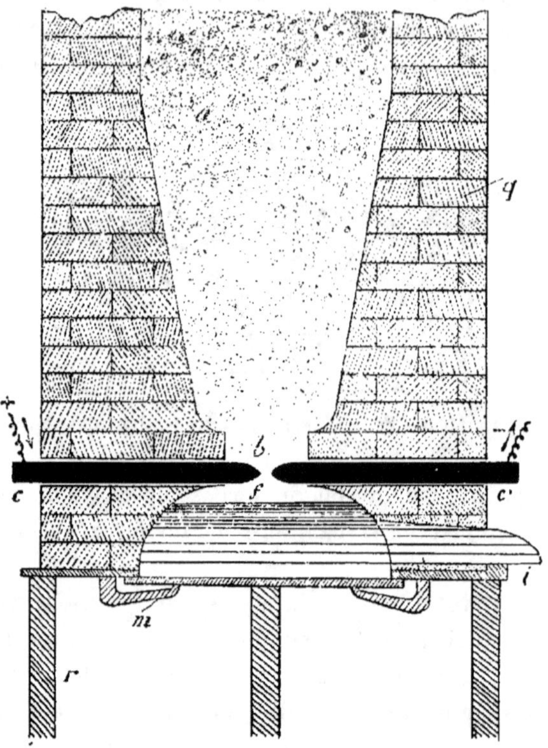

Fig. 11. — Four Shaw et Allis.

l'autre à l'aide d'un contrepoids agissant sur une bobine
engrenant avec la crémaillère du porte-charbon. Les matières a
se chargeaient par le haut de l'appareil et elles étaient ensuite
fondues par leur passage entre les deux électrodes ; elles
venaient ensuite tomber sur une sole mobile constituée par
deux plaques métalliques garnies superficiellement de
matières réfractaires et réunies au fourneau par des char-

nières *m*. Un four semblable à celui-ci a été destiné au traitement des minerais de fer : la seule modification qu'il présentait consistait en ce que les électrodes étaient placées à l'endroit où commence l'hémisphère *f*.

En 1892, de Laval a proposé un four électrique destiné à la fusion des métaux et particulièrement au raffinage du fer, et qui est représenté par les figures 12 et 13. Les minerais de fer sont d'abord grillés avec les fondants ordinaires de façon à être réduits, mais sans fondre, cette fusion devant ensuite s'opérer dans l'appareil lui-même. L'espace de fusion est divisé en deux compartiments par un pont en matière réfractaire CI, refroidi intérieurement par un courant d'eau allant de C^2 en C^3. Les électrodes de charbon D et E sont logées horizontalement à la partie inférieure de ces deux compartiments. Le couvercle de la cuve A est muni d'une ouverture B par laquelle on charge le métal ; celui-ci se raffine et le courant est maintenu suffisamment intense pour que la chaleur dégagée au contact des électrodes laisse le bain à l'état liquide ; afin d'éviter les phénomènes d'électrolyse, on se sert de courant alternatif. Le métal se répand dans les deux compartiments latéraux, et, lorsqu'il a atteint, dans ces derniers, un niveau assez élevé, il s'écoule de l'appareil à l'aide des deux siphons F et G. Quant aux scories, elles sont évacuées du four par un orifice latéral H.

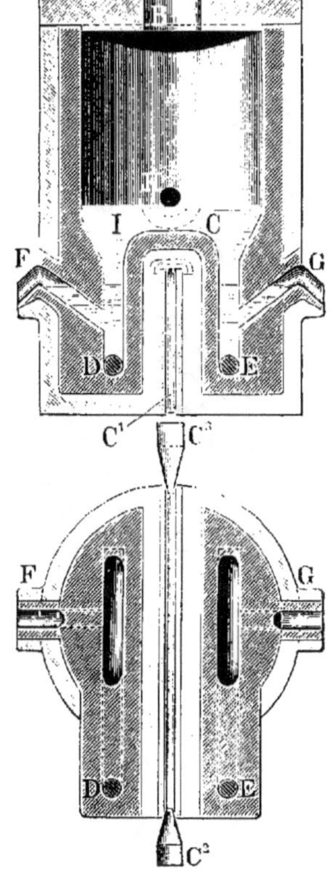

Fig. 12 et 13. — Four De Laval. (Coupes verticale et horizontale.)

Le four Urbanitzky, qui est représenté en coupe verticale par la figure 14, se compose essentiellement d'un creuset en matière réfractaire constituant la chambre de fusion, au milieu duquel se forme un arc de grande puissance éclatant entre deux ou plusieurs cylindres de charbon légèrement inclinés sur la verticale. Ces derniers sont disposés circulairement, ce qui permet d'effectuer le chargement par une cheminée centrale et, pour éviter les pertes inutiles de chaleur, l'appareil comporte un

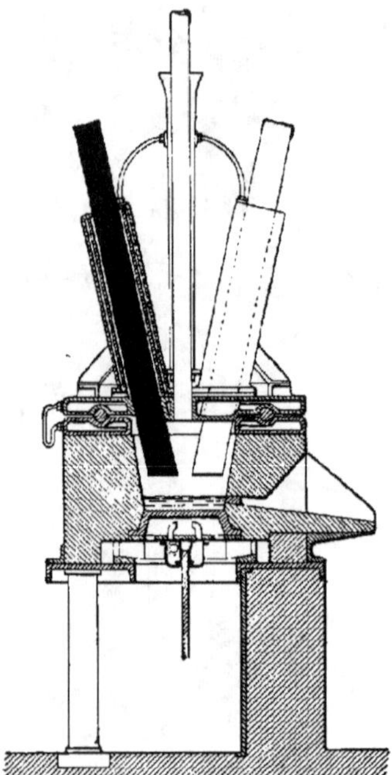

Fig. 14. — Four Urbanitzki.

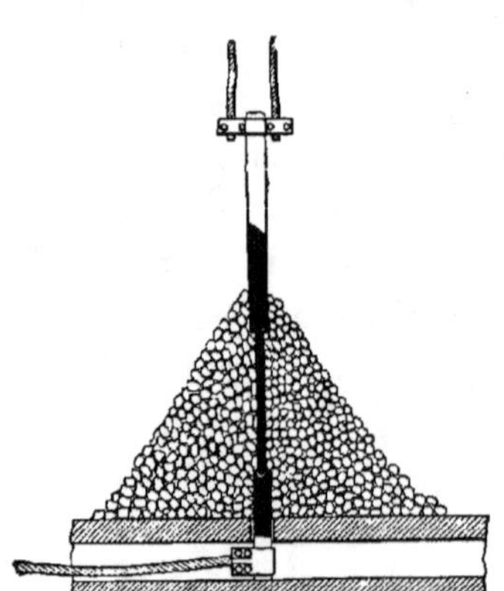

Fig. 15. — Four King et Watt.

fond métallique et un couvercle constamment refroidis pendant les opérations de fusion. Le métal fondu se rassemble à la partie inférieure du creuset sous forme d'une nappe liquide et, lorsqu'il est en quantité suffisante pour être extrait du four, on le fait couler dans un récipient extérieur à l'aide d'un orifice disposé à cet effet.

Dans le four de King et Watt (fig. 15), la charge à réduire ou à fondre est accumulée en un tas de forme conique, la chaleur nécessaire à l'opération réductrice étant fournie non par un arc électrique mais par le passage du courant à travers une résistance solide constituée par du charbon. Ce charbon est disposé de telle sorte qu'il puisse présenter une assez grande surface de chauffe et, pour cela, on lui donne la forme d'une longue baguette réunie par ses deux extrémités aux pôles de la source d'énergie électrique, eux-mêmes constitués par des cylindres de charbon très conducteurs et d'un diamètre suffisant.

Fours Héroult pour la production électrique de la fonte de fer. — Avec les fours Héroult, nous entrons dans la période des essais véritablement industriels et pour ainsi dire les seuls, avec ceux de Keller que nous décrivons plus loin, qui soient capables de fabriquer de la fonte dans de bonnes conditions économiques. Les essais de M. Héroult ayant été assez nombreux, nous décrirons, parmi les fours qu'il a utilisés pour arriver à un rendement et à des produits satisfaisants, ceux qui méritent le plus d'intérèt, en les étudiant par ordre chronologique.

Premier type d'appareil : four de Froges (1900). — **La** Société électrométallurgique française, dont l'usine principale est à Froges (Isère), a étudié avec beaucoup de soin, depuis quelques années, les moyens de parvenir à la production économique de la fonte et, vers 1900, M. Héroult a imaginé, dans le but de fabriquer de la fonte au four électrique, un appareil permettant d'arriver à un très bon rendement et jusqu'à lui permettre de lutter, dans certains cas, avec le haut-fourneau ordinaire.

La fabrication de la fonte au four Héroult est en elle-même très simple : le four est amorcé comme d'habitude en jetant au fond un peu de métal ou de minerai mélangé de charbon ; on alimente ensuite progressivement le mélange, les proportions de charbon et de minerai devant être déterminées expérimentalement pour chaque sorte de minerai, car elles dépendent naturellement de la plus ou moins bonne utilisation des gaz réducteurs réagissant sur l'oxyde. On emploie de préférence le minerai en morceaux, ceux-ci formant au-dessus du bain liquide une voûte livrant facilement passage aux gaz.

Dans l'appareil représenté par la fig. 16, le minerai non

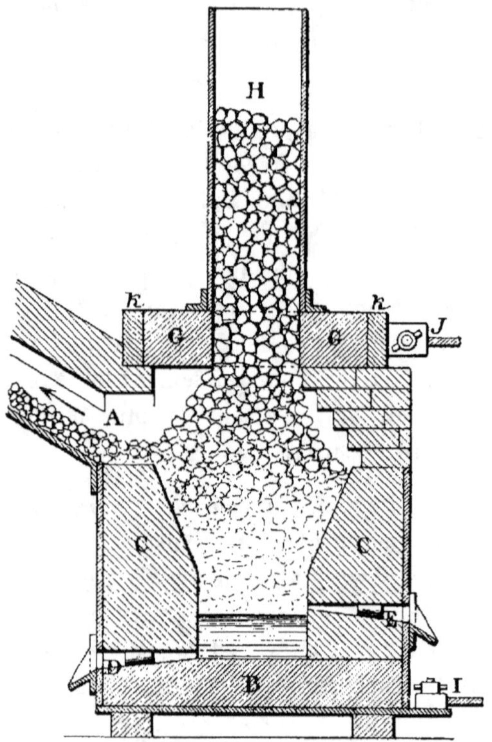

Fig. 16. — Four Héroult (type 1900).

mélangé de charbon réducteur arrive par une cheminée inclinée A dans laquelle s'élève l'oxyde de carbone dégagé du creuset. A l'entrée de cette cheminée, des jets d'air soufflé viennent brûler cet oxyde de carbone, tandis que le minerai, une fois fondu par cette combustion, vient tomber dans le creuset électrique CBC, le charbon étant chargé directement par la cheminée H.

Cet appareil a été combiné également pour traiter les minerais fondus ou pâteux provenant de la première réaction par l'oxyde de carbone. La cuve du four électrique, à garnissage réfractaire, renferme une colonne de coke H que parcourt le courant électrique et auquel vient se mélanger le minerai fondu. On a soin de veiller à la continuité de l'opération en maintenant toujours pleine la colonne de coke, à la partie supérieure du four. De cette façon, le courant électrique arrivant également à l'appareil par un câble J relié à sa partie inférieure, la fusion et la réduction se produisent de la façon la plus satisfaisante aux points mêmes où se trouve le mélange de minerai et de charbon ; le seul défaut de l'appareil est sa courte durée par suite de l'attaque rapide des parois par l'oxyde de fer fondu.

Deuxième type d'appareil : four de Froges (1904). — M. Héroult a fait breveter, en 1904, un four électrique pour la production de la fonte destinée spécialement à la fabrication de l'acier et qui présente un grand intérêt. Cette fonte, qui est phosphoreuse ou siliceuse, doit contenir assez de ces éléments pour qu'on puisse ensuite la bessemerisée en vue de la fabrication d'une certaine classe de produits tels que rails, poutrelles, etc. ou celle d'aciers de qualité supérieure.

L'appareil (fig. 17) se compose d'un creuset en graphite *a* surmonté d'une hausse *b* amovible ou non et d'une électrode verticale *c* pouvant être abaissée ou relevée à volonté par les procédés habituels. Ce four diffère des appareils ordinaires en ce sens qu'il fonctionne à la fois par arc et par résistance, les deux parties, arc et résistance, étant en série dans un même four. Au fond du creuset se trouve une plaque de fonte *d* dans laquelle sont prisonnières des pièces de fer *e* destinées à faire bon contact avec le graphite ; cette plaque de fonte fait ainsi corps avec l'enveloppe du creuset et sert également de conducteur. Le creuset est constitué par de la poussière de graphite agglomérée au goudron dans toute la partie en contact avec la fonte et les laitiers. La hausse b, qui peut être garnie ou non de briques, possède une forme telle que les charges de matière descendent vers le fond de la façon la plus avantageuse, suivant l'espèce de minerai traité.

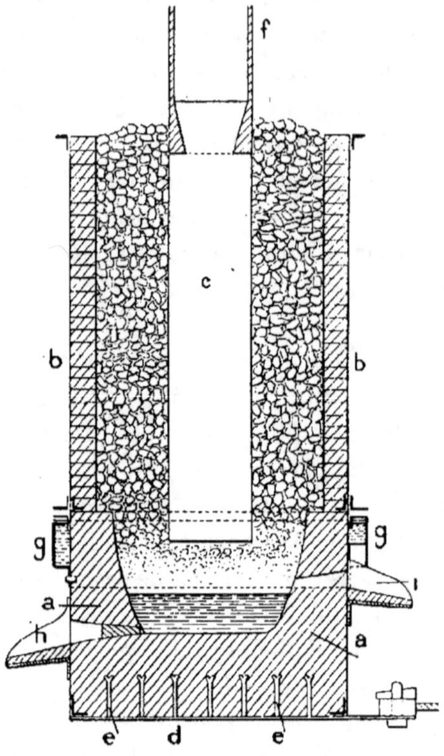

Fig. 17. — Four Héroult (type 1904).

A la partie supérieure de l'électrode en charbon se trouve une pince f qui assure un bon contact entre les conducteurs d'arrivée du courant et l'électrode elle-même ; cette pince est construite de façon à être sur le prolongement vertical de l'électrode et à permettre à cette dernière de pouvoir glisser facilement à travers la charge ; cette disposition permet, en outre, un plus long usage de l'électrode. Afin de protéger le creuset contre l'action des laitiers non réduits, il est avantageux de faire circuler de l'eau froide dans le couloir g entourant le four.

On peut alimenter ce four soit par du courant continu, soit par du courant alternatif et se servir de deux ou plusieurs électrodes en parallèle ou en série. Son fonctionnement est le suivant : on charge d'abord l'appareil avec un mélange de minerai, castine et charbon, le tout de préférence en petits fragments, puis on fait jaillir l'arc. Celui-ci fond le minerai qui filtre par gravité au travers d'un magma de charbon qui se sépare lui-même sous l'électrode et qui, étant très résistant, parce qu'il se trouve en petits morceaux et à une température modérée, chauffe par résistance et effectue la réduction du minerai ainsi que la saturation du fer par le carbone.

Lorsque le four est amorcé, on le remplit jusqu'en haut avec le mélange des matières premières ; les gaz provenant de la réduction sont uniquement constitués par de l'oxyde de carbone pur circulant facilement à travers la charge quelque résistante qu'elle soit, parce que la pression n'a d'autre limite que la résistance des parois et du bouchage des trous de coulée et que d'ailleurs leur volume n'est pas très considérable.

L'oxyde de carbone ainsi produit réduit le minerai solide contenu dans la hausse et brûle à l'état d'acide carbonique, de sorte que les gaz qui s'échappent par la partie supérieure du four sont à une température relativement faible et ininflammables ; les calories contenues dans le charbon sont donc, de cette façon, entièrement utilisées.

On peut introduire le charbon de réduction dans l'appareil à l'aide d'une électrode creuse ou bien le mettre sous forme de briquettes dont l'agglomérant le protégera pendant la descente et fondra en arrivant dans la zone très chaude. On peut arriver, par l'application de ce procédé, aux réactions suivantes :

$$FeO + C = Fe + CO;$$
$$FeO + CO = Fe + CO^2.$$

Dans le haut-fourneau ordinaire, ces réactions ne peuvent s'effectuer qu'incomplètement puisqu'on dépense près de 50 p. 100 de l'énergie initiale du charbon sous forme de gaz non oxydé. L'avantage du four Héroult consiste donc en ce que, avec un appareil très simple et très peu coûteux, on peut fabriquer de la fonte de telle qualité qu'on la désire avec un minimum de dépense de charbon et d'énergie électrique.

Un four de ce genre, capable de fabriquer de 10 à 12 tonnes de fonte par jour avec un minerai contenant 55 p. 100 environ de fer, demande une puissance de 1 000 *chvx*. Le creuset possède un diamètre intérieur de 1,50 *m* au haut du garnissage de graphite et sa profondeur est de 0,70 *m*. La hauteur du trou à laitier au-dessus du fond est de 0,33 *m* ; le diamètre intérieur du fond du creuset est de 1 *m* et l'enveloppe extérieure a environ 2,60 *m* de hauteur et 2 *m* de diamètre. Quant au poids du métal fabriqué par chaque coulée, il est de 1 500 *kg* pour cet appareil.

Troisième type d'appareil : four de Sault-Sainte-Marie (1905). — En vue d'appliquer les procédés électrothermiques aux minerais de fer du Canada, des expériences ont été effectuées, en 1905, à Sault-Sainte-Marie (Ontario), pour l'application en grand des procédés Héroult. Le four qui a été employé dans ce but se compose (fig. 18 et 19) d'un creuset *m* entouré d'une enveloppe de fer *a* boulonnée sur une plaque de base *b*, en fonte, de 14,65 *m* environ. Cette enveloppe était faite en deux sections pour faciliter les réparations et, afin de rendre l'inductance aussi petite que possible, les lignes de force magnétique dans l'enveloppe étaient évitées en remplaçant par une plaque de cuivre une bande verticale de l'enveloppe d'une largeur égale à 3,35 *m* environ. La pâte de charbon *c* était enfoncée dans la partie inférieure du four sur la base du creuset; le revêtement intérieur était fait de briques réfractaires ordinaires et, depuis la base du creuset jusqu'à un niveau un peu supérieur à celui du laitier, on le constituait par de la pâte de charbon fortement tassée. Le creuset était entièrement formé par du charbon.

La forme du four se rapprochait assez de celle d'un double cône dont les deux bases coïncideraient ; dans la plupart des essais, les dimensions des différentes parties du four étaient approximativement les suivantes :

Diamètre à la base du creuset	7,30 m
Hauteur du cône inférieur	3,35 »
Hauteur du cône supérieur	10,05 »
Diamètre de la base commune des deux cônes . . .	9,75 »
Diamètre du sommet du four	9,75 »

Les électrodes E avaient la forme de prismes et elles étaient supportées par une chaîne passant sur une poulie ; par une de ses extrémités, la chaîne était fixée au mur et par l'autre, elle passait sur un treuil, ce qui permettait de régler facilement à la main la hauteur des électrodes. Quant au courant électrique, il était fourni par des machines à courant alternatif, l'un des pôles du transformateur (on avait accouplé un générateur triphasé à un transformateur n'utilisant qu'une seule phase de l'alternateur) étant réuni à la plaque de contact de la base du four et l'autre à l'électrode supérieure mobile, par trente câbles en aluminium.

Les essais durèrent deux mois environ et donnèrent lieu à 150 coulées. Les principaux minerais traités furent : l'*hématite*, la *magnétite* (Wilbur, Blairton, Calabogie), la *pyrrothine* grillée de la « Lac Supérieur Corporation » et les *minerais titanifères* de Québec. La composition de la charge variait naturellement de temps en temps afin de modifier le pourcentage du charbon et du fondant.

A titre d'exemple, nous donnerons la composition approximative d'une charge ayant conduit à de bons rendements ; elle répondait aux chiffres suivants :

Minerai (hématite)	90,600 kg
Agent réducteur (briquettes)	24,880 kg
Fondant (calcaire)	22,650 kg

Cette charge a donné, en fin de compte, comme rapport du laitier à la fonte obtenue, le nombre 0,44, l'opération ayant duré douze heures avec une puissance voisine de 230, 3 *chvx*.

Avec la **magnétite**, on est également arrivé à de très bons résultats malgré la conductibilité assez grande de cette substance. L'arc électrique loin de se diffuser dans toute la masse, comme cela était à craindre, donnait une chaleur se concentrant parfaitement à l'endroit voulu, surtout quand le réducteur employé était du charbon de bois.

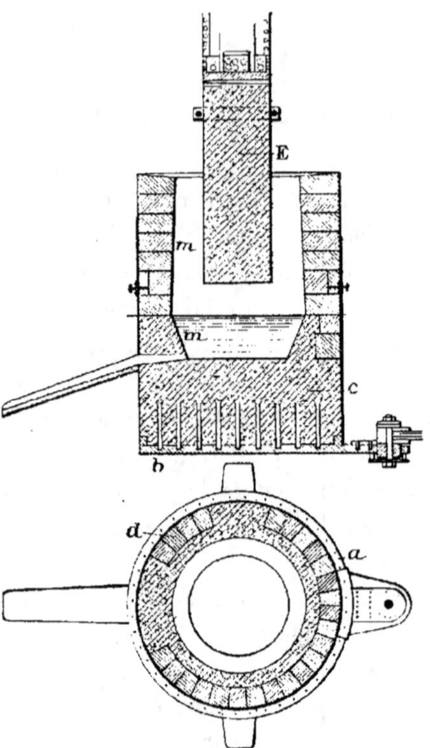

Fig. 18 et 19. — Four Héroult (type 1905). Coupes verticale et horizontale.

La consommation d'électrodes a toujours été très faible, quoique se trouvant plus élevée dans le cas de la fonte blanche que pour la fonte grise; dans certaines expériences, elle a été de 9 *kg* de charbon pour une tonne soit 1.000 *kg* de métal produit.

Quant au rendement du four, il est toujours très élevé, car il atteint facilement 0,92 (exactement 0,919). Ce haut facteur de puissance tient principalement à la construction spéciale

de l'appareil qui empêche la formation des circuits magnétiques dans ses parties constitutives.

En somme, on peut, à l'aide de ce four, réduire aussi bien
la magnétite que l'hématite et le charbon de bois peut être
facilement utilisé comme substance réductrice du minerai
sans avoir besoin d'être mis en briquettes avec celui-ci. De
même, on peut produire directement un ferro-nickel libre
de soufre en partant de la pyrrothine grillée et traiter les
minerais titanifères contenant 18 p. 100 environ d'acide tita-
nique.

En perfectionnant ce four, il semble qu'on pourrait arriver
facilement à produire 12 *l* de fonte par 1.000 *chvx* et par jour,
avec un prix de revient de 53 *fr* la tonne.

**Haut-fourneau électrique Keller pour la réduction des mi-
nerais de fer.** — L'appareil imaginé par M. Keller pour la production électrique de la fonte de fer (fig. 20) répond aux deux
conditions essentielles proposées par lui, à savoir : l'utilisation
d'une grande puissance pour le traitement économique d'une
masse importante de minerai et la continuité du fonctionnement. Pour arriver à ce résultat, M. Keller s'est servi d'un four
électrique alimenté par plusieurs foyers circonscrivant la
masse des matières à traiter. Le mode de distribution adopté
permet d'éviter l'emploi de la sole du four comme électrode,
ce qui permet par conséquent d'utiliser des matériaux acides,
neutres ou basiques pour la construire ; le courant électrique
arrive et sort de l'appareil par deux électrodes verticales pouvant être abaissées ou élevées séparément à l'aide de mani-
velles distinctes.

Afin de réaliser la continuité du fonctionnement, on
place plusieurs électrodes en parallèle, de façon à ce que
l'une quelconque d'entre elles puisse être remplacée en
pleine marche sans arrêt ni variation de la source d'énergie
électrique. Le haut-fourneau électrique Keller comprend
donc au moins deux groupes de deux électrodes, les deux

électrodes d'un même groupe étant mises en parallèle et les deux groupes disposés en série.

Les quatre électrodes sont placées dans une même capacité à parois réfractaires et un mécanisme de réglage affecté à chaque électrode permet de l'élever et de l'abaisser selon les nécessités sans mettre en mouvement les trois autres, si cela n'est pas nécessaire. Des ampèremètres et volmètres permet-

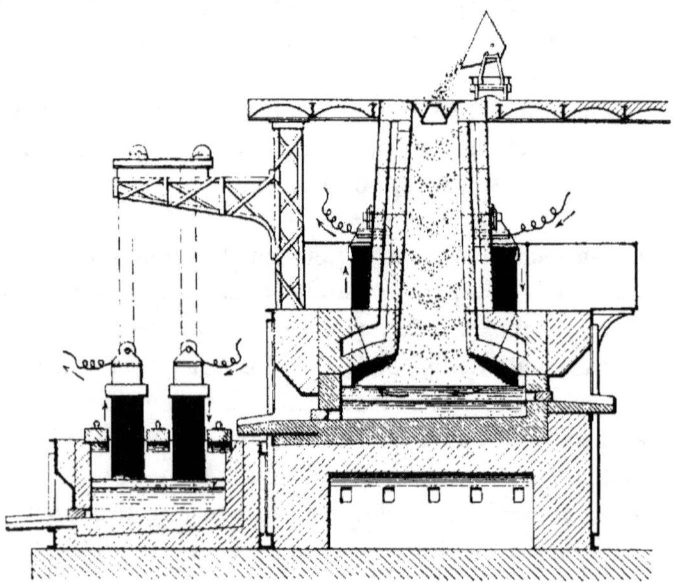

Fig. 20. — Haut-fourneau électrique Keller.

tent de régler, à chaque instant, l'intensité et la tension du courant, c'est-à-dire la puissance électrique mise en jeu. Au-dessus de la chambre de fusion proprement dite, se trouve une colonne en maçonnerie destinée à recevoir le mélange de minerai, de charbon et de fondant qui est introduit dans l'appareil par la partie supérieure.

Lorsqu'on veut mettre en marche ce four, on introduit le mélange à fondre par le gueulard; dès qu'on fait passer le courant, le métal commence à se réduire et la fusion s'opère :

au bout d'un certain temps, le minerai et l'oxyde de carbone
contenus dans la partie supérieure du four sont suffisamment
chauds pour pouvoir réagir l'un sur l'autre : la réduction
s'effectue alors complètement et les gaz qui se dégagent sont
aspirés dans une chambre pour y être brûlés. On peut utiliser la chaleur de combustion ainsi produite pour opérer la
dessiccation des matières premières.

Après quelques heures de marche, on peut effectuer la coulée du métal brut, soit dans une poche pour la coulée de
pièces moulées, soit dans un mélangeur si la fonte doit être
ensuite transformée en acier. Les laitiers sont évacués du
haut-fourneau par un orifice disposé à cet effet. Les électrodes
sont alors remises dans leur position initiale et l'on effectue
un nouveau chargement, et ainsi de suite. Lorsque le four
d'affinage est complètement rempli de métal, on dirige les
coulées suivantes dans un second four pendant que l'on
poursuit l'affinage du métal contenu dans le premier.

Four Keller à capacités multiples. — Le four Keller à capacités multiples se compose de capacités, généralement au
nombre de quatre, réunies à un creuset central commun, alimenté par les matières fondues provenant des réactions qui
s'effectuent dans chacune des capacités. Ce creuset central
est généralement disposé au-dessous du plan de fusion des
matières et de telle façon que le courant électrique puisse, à
un moment donné, se fermer à travers la masse liquide
qu'il renferme.

Comme on le voit sur les figures 21 et 22, le courant entre et
sort respectivement dans chaque capacité par les électrodes
verticales *a* et *b*. Mais, dans un tel système, le circuit électrique se trouverait interrompu au moment de la coulée si
l'on s'en tenait à cette disposition, puisque ce sont les matières
elles-mêmes qui servent de conducteur en reliant les capacités
du four à l'entrée et à la sortie du courant.

Un dispositif très simple permet de remédier à ce grave

inconvénient : il consiste à réunir les capacités de polarité différente par des conducteurs électriques; les soles de chacune d'elles sont constituées par un ensemble conducteur mis en communication avec des barres de cuivre. En cours d'opération, le courant électrique passe par les deux électrodes et le bain métallique fondu; mais au moment de la coulée, l'intensité du courant circulant dans la masse en

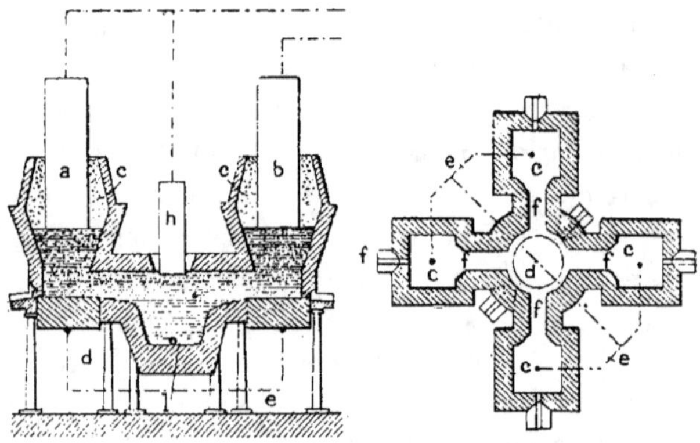

Fig. 21 et 22. — Four Keller à capacités multiples (coupes verticale et horizontale).

fusion qui se trouve dans les canaux f, f réunissant les capacités c, c et dans le creuset central d, diminue et tend même à devenir nulle au fur et à mesure que le liquide s'écoule au dehors; mais grâce au dispositif adopté, ce courant peut passer par les soles et les canalisations e, et cela en raison directe de la diminution de l'intensité du courant à travers la masse en fusion réunissant les capacités.

Le fonctionnement de l'appareil est le suivant : les capacités c c sont d'abord remplies de matière dont une grande partie est traversée par le courant. Sous l'action de ce dernier, la réduction du minerai s'opère facilement et le métal descend d'abord dans le creuset central qu'il remplit peu à peu, puis il est évacué par le trou de coulée.

Lorsque la température du liquide contenu dans le creuset

central est insuffisante, on peut, au moyen d'une électrode
verticale mobile *h*, branchée en parallèle sur l'un des pôles
et traversant la voûte du four, régler le passage du courant
pour le réchauffage des matières en abaissant ou en élevant
cette électrode additionnelle.

Dans les réductions de minerais que l'on peut très facilement effectuer avec cet appareil, le métal réduit s'écoulant,
comme nous l'avons vu, dans un creuset central au fur et
à mesure de sa production, on peut l'affiner et l'épurer complètement si cela est nécessaire, sans aucune complication ni
dispositifs gênants. Le creuset peut, dans ce but, être garni
d'un revêtement choisi et muni d'une tuyère d'insufflation de
gaz quelconque. Si cette insufflation est oxydante, elle
n'aura pas la conséquence de consommer les électrodes
puisque celles-ci sont très éloignées de la zone à combustion
et de cette façon le rendement sera très élevé et la durée du
four très satisfaisante.

**Traitement électrothermique des sables noirs ferrugi-
neux.** — Les *sables noirs* ferrugineux, ainsi dénommés à
cause de leur couleur sombre, sont très abondants sur toute
la côte du Pacifique, car ils proviennent de l'érosion des
Montagnes Rocheuses, d'où ils ont été entraînés jusqu'à la
côte par l'érosion. Outre les métaux précieux qu'ils renferment, on y rencontre des minéraux ferrifères et tétanifères,
et particulièrement la magnétite, l'ilménite (titane) et l'hématite. Il est facile par différents traitements d'arriver à un
minerai *en grains* renfermant de 65 à 85 p. 100 d'oxyde de
fer mais, en même temps, de 5 à 15 p. 100 d'oxyde de titane
dont il est impossible de le débarrasser.

C'est donc ce mélange d'oxyde de fer et d'oxyde de titane
qui doit être traité pour donner de la fonte. Différents essais
ont été tentés dans ce but ; les deux qui méritent le plus
d'être signalés sont celui de Wilson et celui de Clavenger.

1° *Procédé Wilson*. — Dans des expériences effectuées à Portland (Orégon), Wilson se servit d'abord d'un petit four de 1 000 à 2 000 ampères sous 20 à 50 volts, puis d'un four de plus grande puissance, dont les caractéristiques normales étaient de 1 200 ampères sous 125 volts. Il se composait d'un creuset (le four proprement dit) de forme rectangulaire, ayant environ 1,50 m de largeur sur 1,80 m de longueur, surmonté d'une capacité cylindrique de 1,50 m de diamètre et de 1,20 m de hauteur. L'une des électrodes, qui était fixe, se composait d'une tranche de briques de carbone intercalée dans le revêtement du creuset ; l'autre qui était mobile se composait de deux barres de charbon serrées à la partie supérieure dans une prise de courant à réfrigérant d'eau et plongeant dans la cuve cylindrique.

Les nombreux essais tentés avec ce four n'ont jamais donné de bons résultats, les produits fabriqués n'ayant presque jamais eu une composition constante. Tantôt c'était le pourcentage en phosphore qui augmentait ou diminuait, tantôt la fonte possédait de nombreuses soufflures qui la rendaient pratiquement inutilisable.

2° *Procédé Clavenger*. — Dans ce procédé, le creuset du four, à revêtement de carbone et du même type que celui de Wilson, avait 50 sur 50 cm et 75 cm de hauteur. La cuve cylindrique avait 1,50 m de diamètre sur 1,50 m de hauteur ; dans le centre de cette cuve plonge l'électrode mobile de 27 × 27 cm et 1 m de longueur. Après différents essais on donna au creuset la forme cylindrique avec un revêtement en fragments de quartz agglomérés par un liant à base d'argile réfractaire ; de même l'électrode carrée fut remplacée par un cylindre de diamètre moyen.

Les charges du four comprenaient 250 kilogrammes de magnétite (à 83,4 p. 100 d'oxyde de fer et 14,1 p. 100 d'oxyde de titane), 50 kg de charbon de bois, 7,5 kg de castine et 2,5 kg de silice pure. Dans ces expériences, le minerai en grains était aggloméré en briquettes.

La fonte obtenue par ce procédé était de bonne qualité, variant comme composition, entre la fonte blanche et la fonte grise. L'analyse d'un échantillon de fonte grise ainsi préparée a donné les résultats suivants comme pourcentage des éléments accessoires :

Silicium.	0,93 p. 100
Phosphore	0,074 »
Soufre	0,005 »
Titane	0,53 »
Chrome.	0,09 »
Carbone total	4,3 »

Quant à la consommation d'énergie électrique et à la dépense relative aux électrodes, elles correspondent à 5 100 chevaux-heure et à 90 kg de charbon d'électrodes par tonne de fonte.

Procédé Bradley. — Le procédé Bradley consiste à traiter au four électrique un mélange d'oxyde de carbonate de fer, de pyrite, de chaux et autres fondants. On chauffe d'abord jusque vers 400°, puis, lorsque la masse est fondue, on élève la température jusqu'à ce qu'il se produise un dégagement abondant de gaz sulfureux. Le silicium et les autres principes de la gangue passent dans la scorie et le fer tombe dans la partie inférieure de l'appareil. Ce procédé peut également s'appliquer à des alliages tels que les ferro-chromes. On part alors du fer chromé et l'on traite cet oxyde avec du sulfure de fer.

Fours Ruthenberg. — Le four Ruthenberg se compose essentiellement de deux cônes creux disposés la pointe en bas et reliés supérieurement par leurs bases. Autour de chaque cône est enroulée une forte bobine d'électro-aimant, qui a pour but d'orienter les particules de minerai qui tombent de l'un des cônes et de faciliter le passage du courant. De l'autre cône s'échappe de la poudre de charbon destinée à réduire le minerai. L'arc électrique agissant par la haute température qu'il fournit au point même de rencontre des deux substances, fait fondre le métal provenant de la réduction, et celui-ci se rassemble dans un creuset placé au-dessous des deux cônes.

Dans un autre procédé, Ruthenberg a employé le procédé suivant: le courant électrique traversant deux barres latérales passe à travers une masse de fer fondu disposé à la partie inférieure de l'appareil. La chaleur ainsi produite sert à réduire le fer spongieux dans une zone du four placée immédiatement au-dessus du fer en fusion, puis à réduire le minerai lui-même mélangé avec une quantité suffisante de l'agent réducteur. Au-dessus de ce dernier étage se trouve une cheminée par laquelle les gaz perdus provenant de l'opération peuvent se dégager librement.

CHAPITRE III

FONTES SPÉCIALES FABRIQUÉES AU FOUR ÉLECTRIQUE

Généralités. — Le four électrique permet d'obtenir un grand nombre de fontes spéciales de toute première qualité, pouvant lutter comme prix de revient avec celles du haut-fourneau et qui ont trouvé un grand débouché, depuis quelques années, dans la fabrication des aciers durs et résistants.

C'est Moissan qui, le premier, a donné l'idée de préparer ces fontes au four électrique par ses études approfondies sur la formation électrothermique des carbures métalliques et des métaux réfractaires dans le four qu'il avait imaginé. Ses travaux ont permis aux industriels compétents et actifs de se rendre compte du grand intérêt de cette découverte et depuis, ils se sont mis courageusement à l'œuvre en étendant à l'industrie les travaux du laboratoire. Les fontes spéciales que l'on peut ainsi préparer industriellement au four électrique sont principalement : le ferro-chrome, le ferro-silicium, le ferro-manganèse, le ferro-molybdène, le ferro-vanadium et le ferro-tungstène. On peut y ajouter le ferro-phosphore qui présente un certain intérêt au point de vue sidérurgique.

Ferro-chromes. — La fabrication des ferro-chromes ou alliages de fer et de chrome contenant des proportions variables de carbone fut une des premières réalisées industriellement au four électrique. Avant l'invention de cet appareil, la fabrication des ferro-chromes était effectuée uniquement au cubilot et l'on ne pouvait obtenir par ce procédé que des produits peu commodes à écouler par suite de leur faible fluidité. Ces ferro-chromes avaient une teneur en chrome voisine de 60 p. 100, avec 8 ou 9 p. 100 de carbone. Le grand inconvénient du cubilot était de produire des engorgements nécessitant parfois sa démolition; on eut alors l'idée, dans certaines usines, de créer des appareils démontables qui permirent, lorsqu'un engorgement venait à se produire, d'extraire la masse de métal une fois solidifiée et de la réduire ensuite en petits fragments. On devine alors avec quel enthousiasme le four électrique fut substitué au cubilot : en effet, la haute température qu'il permet d'atteindre rend impossible tout engorgement et permet l'obtention du ferro-chrome par coulée. Cette fabrication a du reste pris un grand essor dans certaines contrées, principalement en France et en Amérique.

Dans les usines de Froges, M. Héroult put, dès l'année 1899, préparer du ferro-chrome en se servant de fours à peu près semblables à ceux qu'il avait inventés quelques années auparavant pour la fabrication du carbure de calcium et du corindon artificiel. Cette production du ferro-chrome au four électrique eut un tel succès qu'il fit immédiatement tomber le prix de cet alliage de 1 800 *fr* à 750 *fr* la tonne.

La caisse métallique qui forme le creuset (fig. 23), au lieu d'être revêtue de charbon aggloméré comme dans les premiers fours, supportait intérieurement un revêtement constitué par des matériaux réfractaires ou mieux encore par de la chromite. Deux électrodes en série amenaient le courant à l'appareil de telle sorte que le courant partant de l'une des électrodes arrivait à la masse métallique et en sortait après avoir formé deux arcs, pour revenir ensuite à l'autre électrode.

En dosant convenablement le carbone de réduction que l'on mélange au minerai, on peut ainsi fabriquer des ferro-chromes contenant de 2 à 6 p. 100 de carbone et que la métallurgie emploie aujourd'hui d'une façon courante. On peut même abaisser cette proportion de carbone jusqu'à 1 p. 100 en faisant subir à la masse métallique un véritable

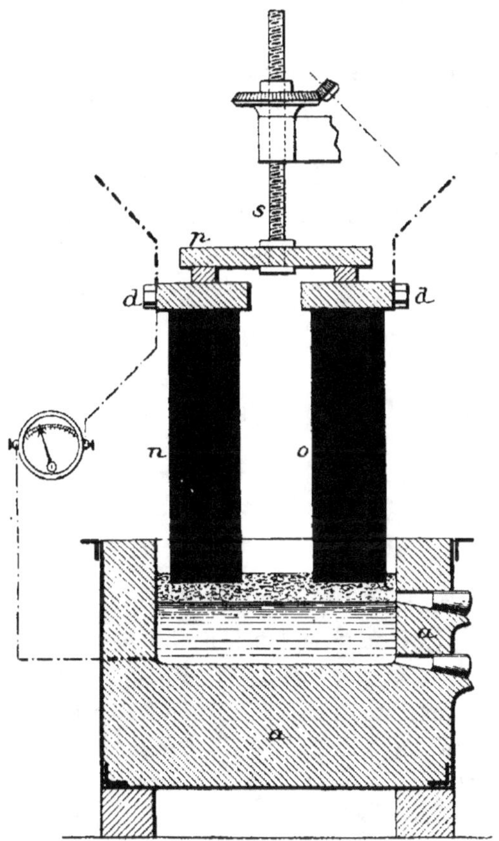

Fig. 23. — Four Héroult pour la fabrication du ferro-chrome.

affinage. Pour cela, on ajoute un excès de chromite et le carbone disparaît par la réaction entre le métal fondu et le laitier oxydant.

Le ferro-chrome que l'on obtient dans ces conditions et que l'on appelle *doux* par opposition au ferro-chrome contenant de 9 à 10 p. 100 de carbone et que l'on appelle *dur*, est blanc et compact, il n'est pas cassant et présente à la .cassure des facettes cristallines d'autant mieux développées que le métal est moins carburé.

Aux usines d'Ugine, près d'Albertville, M. Girod prépare également des ferro-chromes ayant de multiples emplois et qu'il fabrique en assez grandes quantités. Ce ferro-chrome titre environ 65 p. 100 de chrome; il est extrait des minerais de chrome provenant soit de la Nouvelle-Calédonie, soit des Indes, de la Turquie ou du Canada.

L'analyse complète d'un ferro-chrome provenant de ces usines a donné les résultats suivants :

Chrome	65
Fer	23.16
Carbone	9,02
Silicium	1,27
Manganèse	0,47
Aluminium	0,18
Cuivre	traces
Magnésium	0,13
Soufre	0,02
Phosphore	0,02

Le ferro-chrome à 7 p. 100 de carbone sert dans certaines aciéries anglaises pour la fabrication des projectiles et des blindages et aussi pour la fabrication de certains aciers à outils qui titrent très peu de chrome. Les qualités de 4 à 6 p. 100 de chrome servent principalement pour la fabrication des aciers au creuset destinés au matériel de guerre. Les ferro-chromes à teneur en carbone allant de 4 à moins de 1 p. 100 sont destinés aux aciers à outils; ils sont si doux qu'on peut presque les forger.

Les études de M. Guillet sur les aciers au chrome ont montré que ces derniers peuvent être classés en quatre catégories ayant un caractère distinct. Les aciers perlitiques ont une charge de rupture, une limite élastique et une dureté d'autant plus élevées que la teneur en chrome est plus grande. Ces aciers ont des propriétés mécaniques considérablement

modifiées par une trempe à 850°, et cela dans le même sens
que les aciers au carbone. Les aciers à martensite ou troostite
ont une charge de rupture, une limite élastique et une dureté
très élevées; le recuit et la trempe les adoucissent légèrement.
Les aciers à carbure double ont une charge de rupture et une
limite élastique plutôt basses, des allongements et strictions
assez élevés, une très grande fragilité. Ils sont adoucis par
une trempe à 850°, comme les aciers perlitiques; une trempe
à 1 200° agit encore davantage et fait disparaître en partie le
carbure double. Le recuit produit le même effet.

Ferro-siliciums. — Les ferro-siliciums, très répandus
aujourd'hui dans l'industrie, se fabriquent avec facilité au four
électrique. Tandis qu'avec le haut-fourneau, on peut préparer
des ferro-siliciums dont la teneur en silicium ne dépasse pas
10 ou 15 p. 100, on peut, au contraire, au four électrique,
obtenir sans aucune difficulté des composés très riches, contenant de 25 à 80 p. 100 de silicium. Les ferro-siliciums à haute
teneur possèdent, du reste, une pureté qui est d'autant plus
grande, d'une façon générale, que la proportion de silicium
est elle-même plus élevée. Ceci s'explique par ce fait que les
impuretés contenues dans l'alliage ne proviennent pas des
corps mis en présence pour donner du silicium, mais des
matières premières fournissant le fer dans cette combinaison.

Il y a donc avantage à n'employer que des alliages à haute
teneur en silicium pour les usages auxquels on destine ce
composé et à rejeter ceux qui n'en contiennent que de 10 à
15 p. 100. L'alliage riche permet, en outre, dans les additions
finales, de moins carburer l'acier liquide et de produire un
refroidissement moins accentué de la masse métallique liquide.
La plupart des métallurgistes se conforment du reste à cette
manière de voir.

On peut alors se demander si le four électrique est capable
de fournir un tonnage suffisant pour satisfaire aux exigences
de l'industrie et si la fabrication électrique peut produire le

ferro-silicium au même prix que le haut-fourneau. A cela on peut répondre que bien que la consommation annuelle ne puisse être satisfaite à l'heure actuelle par les procédés électro-thermiques, on doit s'attendre à une extension rapide de cette nouvelle industrie qui la mettra à même de fournir toute la quantité de ferro-silicium nécessaire et à des prix de beaucoup inférieurs à ceux qu'établissent aujourd'hui les marchés.

M. Keller a installé à l'usine de Livet (Isère) une fabrication de ferro-siliciums riches dont la teneur en silicium peut aller de 75 à 80 p. 100. Les matières premières servant à cette fabrication doivent être, de préférence, le quartz, les déchets de fer et de coke. Le quartz convient beaucoup mieux que le sable, celui-ci déterminant souvent des collages et des engorgements dans le four ; de même, les déchets de fer et d'acier doivent être préférés au minerai de fer, car ils permettent d'obtenir avec un quartz suffisamment pur une marche ne donnant pas naissance aux laitiers.

Les ferro-siliciums possèdent un ensemble de propriétés qui leur donnent un rôle important dans la métallurgie. En effet, dans la fabrication de l'acier, le silicium élimine les oxydes et dégage par sa combustion une quantité de chaleur suffisante pour maintenir toute la masse métallique à affiner au degré de fluidité nécessaire pendant toute la durée de l'opération. Par suite de la propriété qu'il possède de s'unir plus facilement au fer que le carbone, il empêche également la fonte rendue liquide dans un cubilot de se carburer et par suite de devenir cassante.

Ferro-manganèses. — M. Gin a breveté récemment un procédé très ingénieux pour la fabrication du ferro-manganèse et qui possède le grand avantage d'assurer un rendement élevé en métal. Ce procédé consiste à mélanger tout d'abord au minerai des matières capables de le scorifier ou de le dissoudre en abaissant son point de fusion au-dessous de la température d'ébullition du métal.

Pour arriver à ce résultat et récupérer en même temps un sous-produit ayant une certaine valeur commerciale, on additionne le minerai d'une proportion déterminée de sulfate de sodium préalablement déshydraté et le tout est chauffé au four électrique en présence d'une proportion suffisante de carbone. L'ensemble des réactions qui se passent alors peut se résumer dans l'équation suivante :

$$15\ MnO^2 + 3\ SO^4Na^2 + 11\ C = 3\ MnO^3Na^2 + 4\ Mn^3O^4 + 3SO^2 + 11\ CO.$$

Les minerais contiennent toujours une certaine quantité de silice qui, en se combinant avec l'oxyde de sodium et les terres, forme un silicate de composition assez complexe qui facilite la scorification. Pour augmenter la teneur en fer des minerais, ce qui a pour résultat de fournir un ferro-manganèse très peu oxydable, on additionne le mélange des matières premières d'une certaine quantité de pyrite. Une tonne de ferro-manganèse équivaudrait, d'après cela, à 2 100 *kg* de minerai et reviendrait à 150 *fr* environ, alors que la tonne de ce même alliage fabriqué au haut-fourneau ordinaire ne coûte pas moins de 220 *fr*.

Les ferro-manganèses sont très employés dans la métallurgie du fer et de l'acier à cause de la propriété qu'ils possèdent de débarrasser la fonte de fer, du silicium et des oxydes qu'y forme le passage de l'air (convertisseur Bessemer) et de fournir la quantité de carbone nécessaire à la constitution de l'acier. D'après MM. Troost et Hautefeuille, le manganèse peut enlever au fer les substances étrangères qu'il a entraînées : 1° parce qu'il dégage une plus grande quantité de chaleur en s'unissant à ces substances ; 2° parce que l'oxydation et la scorification des composés de manganèse ainsi produits dégagent plus de chaleur et sont par conséquent plus faciles à provoquer que celles des composés correspondants du fer.

Les aciers contenant de 7 à 13 p. 100 de manganèse sont très employés dans les moulages mécaniques. L'acier à 5 p. 100 sert à la fabrication des mâchoires de broyeurs. D'après

M. Guillet, ils peuvent, jusqu'à un certain point, se substituer aux aciers au nickel et cela d'autant plus avantageusement qu'à qualités mécaniques égales, ils coûtent beaucoup moins cher.

L'acier spécial de M. Hadfield est utilisé pour les pièces qui doivent subir des chocs importants, telles, par exemple, que les pièces d'aiguillage de chemins de fer.

Ferro-molybdènes. — Moissan a préparé une fonte de molyb-

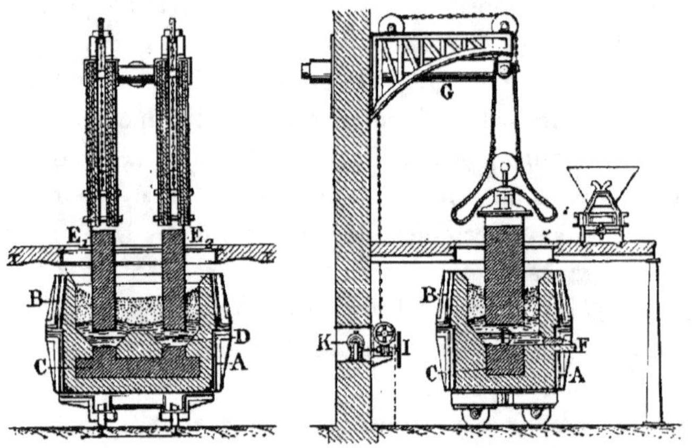

Fig. 24 et 25. — Four Gin pour la fabrication de la fonte de molybdène.

dène, dans son four électrique, en faisant passer pendant un temps prolongé le courant électrique dans un arc agissant sur un mélange d'oxyde de molybdène MoO^2 et de charbon de sucre. La fonte obtenue possède une densité de 8,75 environ; elle est de couleur grise, dure et cassante. Lorsqu'elle est saturée de carbone, elle fond plus facilement que le molybdène; avec une teneur de 5,5 p. 100 environ, elle possède une teinte grisâtre et, à 2,5 p. 100 de carbone, elle est blanchâtre. La fonte grise raye facilement l'acier et le quartz; c'est dire qu'elle possède une grande dureté.

Le four Gin, pour la production électrique industrielle de la fonte de molybdène, se compose (fig. 24 et 25) d'un creuset A mobile sur roues et surmonté d'une rehausse B. Dans le fond de ce creuset, se trouve une électrode fixe C qui sert d'intermédiaire pour le passage du courant entre les électrodes mobiles E_1 et E_2. Le courant électrique, après avoir passé d'une électrode mobile à l'intermédiaire fixe, va de celle-ci à la seconde électrode mobile à travers la masse en fusion contenue en D. Le métal provenant de la réduction se rassemble alors au fond de la cuvette et on le retire de l'appareil à l'aide d'un trou de coulée F.

La question d'écartement des électrodes a une grande importance, car, si le courant peut passer directement à travers le bain réunissant les deux électrodes, le régime de marche du four peut toujours être réalisé, à quelque niveau que soient les électrodes ; il en résulte que le bain ne peut être maintenu stable et même qu'il déborde du creuset.

Les électrodes sont construites en charbon et réunies à la source d'énergie électrique par des câbles mobiles aboutissant, d'une part, aux conducteurs concentriques G et, d'autre part, aux pièces de connexion H. Ces dernières se composent d'une partie inférieure en bronze, directement fondue sur la tête d'électrode et d'une partie supérieure creuse, refroidie par une circulation d'eau. Un treuil I actionné par un moteur électrique K ou à la main détermine les mouvements de montée et de descente des électrodes, le four pouvant être mis en marche et arrêté à la fin de l'opération par un seul ouvrier.

Sans insister sur tous les détails de construction du creuset, nous mentionnerons cependant que le garnissage de celui-ci est fait de matière réfractaire (chaux, dolomie, bauxite) la moins attaquable possible par la substance à traiter et à laquelle on mélange 8 p. 100 de goudron après l'avoir chauffée. Le tout est ensuite pilonné fortement dans le creuset, en appropriant la forme des modèles aux opérations en vue.

En partant du bioxyde de molybdène mélangé de charbon, on a la réaction suivante :

$$MoO^2 + 2C = Mo + 2CO.$$

Il y a simultanément réduction de l'oxyde et production de molybdène plus ou moins carburé, qui se décarbure en passant dans la zone oxydante et continue à s'affiner par contact avec la partie inférieure de la scorie. On peut ainsi obtenir des fontes ne contenant que de 2 à 3 p. 100 de carbone. On creuse alors dans la sole un canal transversal dont le niveau d'affleurement est un peu plus bas que celui du trou de coulée et l'on remplit ce canal de métal concassé dont la fonction est de servir de communication électrique entre les électrodes mobiles. Après la première coulée, ce canal reste toujours rempli de métal et il continue à fonctionner comme électrode intermédiaire fixe.

Si l'on a préparé du sulfure et de l'oxyde de molybdène purs, on peut effectuer la réduction en mélangeant ces deux composés, sans faire intervenir le charbon, la réduction se produisant, dans le four électrique, d'après la réaction :

$$2\,MoO^2 + MoS^2 = 3\,Mo + 2\,SO^2.$$

La fonte de molybdène ainsi obtenue est très fluide et coule avec facilité des fours où elle a été préparée, bien que donnant à l'air de vives étincelles et des fumées blanches très épaisses d'acide molybdique, qui se répandent dans l'atmosphère sous forme de filaments extrèmement ténus.

Les procédés Girod permettent de produire du ferro-molybdène à 80 p. 100 de molybdène environ avec 2 p. 100 de carbone et très peu d'impuretés. Ce ferro-molybdène est actuellement très employé en Amérique pour les aciers à outils, et en Angleterre pour les mêmes usages que le ferro-chrome riche.

Les aciers perlitiques au molybdène possèdent une charge de rupture et une limite élastique d'autant plus grandes que la teneur en molybdène est plus élevée. La trempe a également sur eux une action beaucoup plus marquée que sur les aciers ordinaires. Les aciers à très haute teneur en molybdène et auxquels on ajoute du chrome en quantité suffisante, perdent une grande partie de leur élasticité, deviennent trempants à l'air et ont alors les mêmes qualités que les aciers au tungstène, dénommés « aciers rapides ». Il faut environ 3 à 4 fois moins de molybdène pour obtenir les mêmes effets qu'avec le tungstène. Le seul inconvénient du molybdène, à l'heure actuelle, est son prix de revient assez élevé.

On a proposé et expérimenté des aciers contenant environ 0,25 p. 100 de molybdène et une proportion variable de nickel pour la fabrication des fils à grande résistance, des tôles de chaudières, des canons et des fusils. Ces aciers conviennent aussi parfaitement pour la construction des chaudières à haute pression utilisées dans la marine de guerre.

Ferro-tungstènes. — Moissan a préparé de la fonte de tungstène au four électrique en faisant agir la chaleur de l'arc électrique sur un mélange d'acide tungstique et de charbon, ce dernier étant en excès. Le produit obtenu possède une cassure brillante et se recouvre parfois d'une belle couche d'oxyde bleu de tungstène : il contient de 0,64 à 6,33 p. 100 de carbone.

On peut obtenir directement des fontes peu carburées de tungstène en traitant dans un four électrique quelconque ou plus favorablement dans le four à induction de M. Gin que nous décrirons plus loin un mélange d'acide tungstique et de charbon, mais en employant un peu moins de carbone que ne l'exige la réaction

$$WO^3 + 3C = W + 3CO.$$

En ajoutant dans le four, au métal fondu, 20 p. 100 environ de fer doux en barres coupées à longueur convenable, on peut abaisser la teneur en carbone à 1,25 p. 100 environ. On arrive au même résultat en maintenant un bain de bioxyde de tungstène fondu à la surface du métal sans ajouter de carbone pulvérulent. La puissance de courant la plus convenable est de 125 watts par centimètre carré de section droite des électrodes, avec un voltage de 45 à 50 volts pour les deux foyers. Dans ce cas, l'opération doit être effectuée dans un four à électrodes, un canal plein de tungstène carburé ou non servant d'électrode intermédiaire.

Mais l'affinage de la fonte de tungstène et sa transformation simultanée en ferro-tungstène à basse teneur en carbone peut s'effectuer aisément dans le four qui sert à la préparation du molybdène. Le métal en fusion étant introduit dans les canaux de ce four (four à induction), on le recouvre d'une quantité suffisante d'oxyde de fer des battitures. La réaction est assez vive et s'effectue à peu près suivant la formule :

$$7\,CW^2 + Fe^6O^7 = 6\,FeW^2 + W^2 + 7\,CO.$$

On peut ainsi obtenir du ferro-tungstène à 80 p. 100 malgré la formation, en petite quantité, de tungstate ferreux: Il n'est pas avantageux de rechercher une trop forte teneur, car les alliages très riches sont peu fusibles.

On peut préparer du ferro-tungstène à teneur en tungstène inférieure à 80 p. 100, en ajoutant simplement du fer métallique en même temps que l'on décarbure au moyen du peroxyde de fer. On a la réaction :

$$3\,CW^2 + Fe^2O^3 + n\,Fe = 3\,W^2Fe + n\,Fe + 3\,CO.$$

La décarburation par le peroxyde de fer donne des ferro-tungstènes à 0,15 p. 100 de carbone.

Le ferro-tungstène joue un rôle très important dans la fabrication des aciers spéciaux. Il a pour lui l'immense avantage de contenir déjà du fer et surtout de ne pas s'interposer entre les cristaux d'acier comme la poudre le fait souvent. De nombreux essais ont démontré que les aciers fabriqués avec un ferro-tungstène contenant 85 p. 100 de tungstène et de 0,3 à 0,5 p. 100 de carbone sont, non seulement plus économiques que ceux fabriqués avec la poudre de tungstène, mais que leur qualité est beaucoup plus homogène.

Le tungstène abaisse, comme le carbone, le point de fusion de l'acier. D'après M. Otto Bohler, la variation est proportionnelle à la quantité de tungstène introduite, mais dans une mesure moindre que pour le carbone ou le silicium ; l'abaissement du point de fusion serait inversement proportionnel au poids moléculaire, d'après la loi de Raoult.

Le procédé électrique permet d'obtenir le kilogramme de tungstène pur à un prix de revient très inférieur à celui du tungstène en poudre ; la fabrication électrique réalise ainsi une économie, non seulement par suite de l'amélioration du rendement, mais encore par suite du prix d'achat du ferro-tungstène, qui est généralement de 5 à 8 p. 100 inférieur à celui du tungstène en poudre, même lorsqu'il s'agit de la qualité spéciale du ferro-tungstène affiné.

M. Girod fabrique, à Ugine, non seulement le ferro-tungstène pour l'acier au creuset, mais une qualité titrant de 60 à 70 p. 100 de tungstène et qui a l'avantage de fondre assez facilement et de moins s'oxyder, à cause d'une teneur en carbone plus élevée, laquelle varie entre 2 et 3 p. 100. Ce ferro-tungstène s'emploie principalement pour la fabrication des aciers fins pour ressorts et pour divers autres usages ; on le jette chauffé à l'avance au four Martin ou dans une cornue Bessemer, de sorte qu'il peut traverser immédiatement le laitier en fusion à cause de sa densité élevée et se dissoudre sans perte dans l'acier.

Ferro-vanadiums. — Moissan a obtenu, dans son four à tube, des fontes de vanadium contenant de 9,2 à 9,9 p. 100 de carbone, en mélangeant 20 parties de charbon et 100 parties d'anhydride vanadique et en soumettant le tout à la forte chaleur d'un arc fonctionnant sous une intensité de 900 ampères environ et une tension de 50 volts ; après cinq minutes de chauffe, l'anhydride est réduit et la fonte de vanadium se forme dans le tube.

Cette fonte de vanadium, lorsqu'on peut l'obtenir à 5 p. 100 de carbone, possède une couleur blanche, une cassure brillante

et métallique ; elle est inoxydable à l'air, mais elle brûle avec
incandescence au rouge dans l'oxygène ; l'acide chlorhydrique
ne l'attaque ni à chaud ni à froid, mais l'acide sulfurique
concentré et bouillant réagit sur elle, quoique très lentement.

Parmi les alliages de vanadium, le plus important est sans

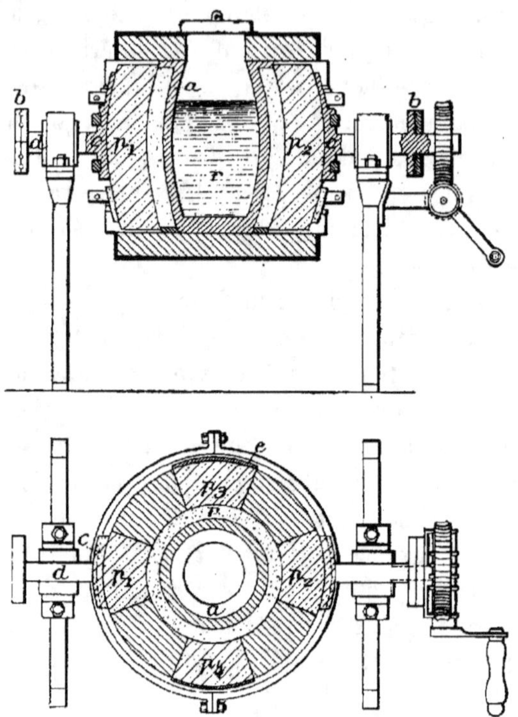

Fig. 26 et 27. — Four Girod pour la fabrication du ferro-vanadium.
(coupes verticale et horizontale.)

contredit le ferro-vanadium, que l'on peut préparer facilement
au laboratoire en chauffant, pendant trois minutes, au four
électrique, un mélange d'oxyde de fer, d'anhydride vanadique
et de charbon de sucre, de manière à obtenir un produit final
contenant 20 p. 100 de vanadium. En employant un courant
de 900 ampères et 50 volts, on obtient un culot homogène à
cassure cristalline et de couleur gris-blanchâtre ; cette fonte

contient 18,16 p. 100 de vanadium, 72,96 p. 100 de fer et 8,35 p. 100 de carbone.

M. Girod a imaginé un four, qui fonctionne aux usines d'Albertville et qui permet d'obtenir du ferro-vanadium avec un excellent rendement. Comme on peut s'en rendre compte par les coupes ci-dessus (fig. 26 et 27), le four qui sert à cette fabrication est du type à résistances périphériques et la matière à traiter est placée dans un creuset a en graphite ou en matière réfractaire. La résistance est constituée par une masse r de graphite poussiéreuse, granuleuse ou même agglomérée, mélangée de poussières métalliques ou minérales ; par un emploi judicieux des unes et des autres, on peut obtenir la résistance voulue et, par suite, la température nécessaire.

Le courant électrique arrive à cette masse par deux pôles positifs p_1 et p_2 et sort de l'appareil par les deux pôles négatifs p_3 et p_4 ; entre les pôles sont intercalées des briques réfractaires s'opposant au passage du courant électrique à travers leur masse. L'axe horizontal d permet de faire osciller le four, même pendant le passage du courant, cette oscillation pouvant être effectuée à l'aide de deux plaques b, b, montées sur l'axe et servant de prises de courant, et deux autres plaques c, c, en bronze, s'appliquant sur les pôles p_1 et p_2.

Afin de faciliter la mise en marche du four, on peut relier les pôles p_1 et p_3, p_2 et p_4 par de petits fils de fer qui rougissent pendant le passage du courant dès que celui-ci les traverse et qui permettent l'échauffement du graphite ; on peut encore faire agir, au début, une tension assez élevée, soit de 70 à 80 volts, alors que, en marche normale, 20 à 25 volts suffisent pour la réaction.

Quant à la surveillance du four, elle est très simple, et la température qu'il produit, très élevée ; on peut y fondre facilement du ferro-vanadium à 80 p. 100 et y maintenir une température assez constante.

Dans la préparation du ferro-vanadium à 50 p. 100 de vanadium environ, le restant étant composé exclusivement de fer et d'environ 0,5 p. 100 de carbone, on ajoute au vanadium pur préalablement fabriqué, une quantité de fer suffisante pour que la fusion dans les creusets puisse s'effectuer avec facilité, le vanadium pur étant pour ainsi dire infusible par les procédés autres que l'arc électrique ou l'aluminothermie.

Le vanadium a une influence très grande sur la constitution des aciers ; non seulement il leur communique une très forte résistance à la rupture, mais encore un allongement important et une très grande perméabilité magnétique. D'après M. Girod, le vanadium serait surtout indiqué pour améliorer les fers fins ou les fers à construction. Une addition de 0,2 à 0,3 p. 100 de ce métal augmente, en effet, de 40 à 50 p. 100 la résistance du fer sans en diminuer l'allongement. Une addition plus forte permet de produire des fers qui tendent déjà à passer dans la catégorie des aciers, mais qui ont encore cependant la faculté de se tordre et de se plier sans casser ; leur résistance peut aller jusqu'à 90 kg par millimètre carré et ils peuvent supporter un allongement de 18 p. 100.

D'après M. Guillet, les aciers perlitiques au vanadium ne sont pas plus fragiles que les aciers au carbone à même teneur en carbone, mais ils possèdent une plus grande dureté ; ils sont d'autant plus atteints par la trempe qu'ils renferment une plus grande proportion de vanadium. Ils conservent toujours de belles structures par la trempe. Les aciers renfermant simultanément de la perlite et du carbure double, possèdent de beaux allongements et de belles strictions ; ils sont moins durs que les premiers. Les aciers renfermant tout le carbone à l'état de carbure double sont à faibles charges de rupture et ont une très basse limite élastique ; ils ont des allongements et des strictions très élevés et cependant ils sont doués d'une grande fragilité. Leur dureté est faible et ils sont très hétérogènes. La trempe, quelles que soient les conditions dans lesquelles elle agit, n'amène aucune transformation ni dans la microstructure ni dans les propriétes mécaniques du métal.

Ferro-phosphore. — On peut facilement obtenir du ferro-phosphore (ou phosphure de fer) en réduisant à la température de l'arc électrique le phosphate de chaux par l'action simultanée du carbone et du fer, en présence d'un troisième agent capable de scorifier l'oxyde de calcium à la température de réaction. Si ce troisième agent est constitué par de l'acide silicique, par exemple, la réaction se passe d'après l'équation chimique suivante :

$$P^2O^8Ca^3 + 4\,Fe + 5\,C + 3\,SiO^2 = 2\,PFe^2 + 3\,SiO^3Ca + 5CO.$$

En remplaçant la silice par l'oxyde d'aluminium, on arriverait à des résultats comparables. De même, on peut substituer au fer métallique l'oxyde de ce métal en augmentant en proportion convenable celle du carbone réducteur.

La densité de courant la plus convenable correspond à une dépense de 70 à 80 watts par centimètre carré de section droite de l'électrode mobile et à un voltage variant de 25 à 30 volts par foyer, plusieurs foyers pouvant être avantageusement réunis dans le même creuset.

Comme en raison des impuretés des matières premières, il peut se produire des réactions accessoires et qu'une faible proportion de phosphore peut être mise en liberté, on cherche autant que possible à éviter l'action toxique des fumées d'anhydride phosphorique qui souilleraient l'atmosphère ambiante : il suffit, pour cela, d'opérer dans un four complètement fermé et communiquant avec une chambre de condensation. On peut de même déposer, dans le canal de communication, de la tournure de fer qui forme avec le phosphore accidentellement vaporisé un phosphure de fer qu'il est alors facile de faire rentrer dans une opération ultérieure.

D'après M. Gin, la production d'une tonne de ferro-phosphore à 20 ou 22 p. 100 exigerait pratiquement les proportions suivantes des divers éléments entrant en jeu dans la préparation :

Phosphate de chaux à 70 p. 100 de P^2O^5	1800 kg
Silice	900 »
Minerai de fer	1400 »
Coke	660 »

La dépense d'énergie électrique correspondant à cette production est de 6400 kilowatts et le poids des électrodes consommées de 80 kg environ.

CHAPITRE IV

L'ACIER ÉLECTRIQUE

Généralités. — Le four électrique ne permet pas seulement de préparer facilement les fontes spéciales que nous venons d'étudier ; il permet aujourd'hui de résoudre un problème beaucoup plus important : *la transformation en acier des fontes et des riblons.* On peut fabriquer au four électrique tous les aciers demandés dans l'industrie et avec d'autant plus de facilités que, contrairement à ce qui se passe dans la métallurgie ordinaire, on peut, comme nous l'avons indiqué précédemment, *doser* pour ainsi dire au cours de la fabrication électrique, non seulement le carbone, mais tous les éléments étrangers devant faire partie du produit final.

Nous croyons utile, pour rendre notre étude plus complète, de donner de suite la liste des usines fabriquant actuellement de l'acier électrique ; elles se répartissent ainsi qu'il suit :

France. — Usine de la Société électrométallurgique française, à *La Praz* (Isère) : 1 four Héroult à 2 électrodes de 400 *chvx*, avec la méthode directe (traitement du minerai).

Usine de la Société des hauts-fourneaux et forges d'*Allevard* : 2 fours à 2 électrodes de 500 *chvx* et 2 fours en construction, méthode directe et mixte (la méthode mixte traite la fonte obtenue au haut-fourneau).

Usines de la Société des hauts-fourneaux et aciéries du Saut-du-Tarn, à *Saint-Juéry* : 1 four Héroult en construction, méthode mixte.

Usines Jacob Holtzer et Cie, à *Unieux* : 1 four Keller à 4 électrodes, en construction, méthode mixte.

Usine de la Société anonyme métallurgique, à *Ugine* : 1 four Girod, méthode directe.

ESPAGNE. — Usine à *Araya* (Stravinda de Urigoitia e Hijo) : 1 four Kjellin, méthode mixte.

ALLEMAGNE. — Usine de la Stahlwerk Richard Lindenberg, à *Remscheid* : 2 fours Héroult, l'un de 1.500 *kg*, l'autre de 500 *kg*.

Usine Krupp, à *Essen* : 1 four Gin en essai, méthode mixte.

Usine des frères Röchling, à *Volklingen* : 1 four Kjellin de 300 *kg*, méthode directe et mixte.

SUISSE. — Usine de la Compagnie générale du carbure de calcium, à *Gurtnellen* : 1 four Kjellin, méthode mixte.

Usine Georges Fischer, à *Schaffouse* : 1 four Héroult de 250 kilowatts, méthode mixte.

ITALIE. — Usine de la Forni Termoelettrici Stassano, à *Turin* : 1 four Stassano, méthode directe.

Arsenal de Turin : 1 four Stassano, méthode mixte.

SUÈDE. — Usine de la Compagnie de l'acier électrique Héroult à *Kortfors* : 1 four Héroult, méthode directe.

Usines de la metallurgiska Patent Aktrebolaget à *Gysinge* : 1 four Kjellin, méthode mixte.

ETATS-UNIS. — Usine Halcomb et Cie, à *Syracuse* : 1 four Héroult, méthode mixte.

Usine de Nolde Electric Steel C^{o} : 1 four Héroult.

Ce n'est donc pas à de simples essais de laboratoire que nous assistons aujourd'hui, mais à une véritable entreprise industrielle élargissant son champ de jour en jour et livrant au commerce des produits supérieurs prêts à toutes sortes d'usages.

L'acier électrique est, en effet, de qualité supérieure : il possède une dureté et une densité remarquables ; il est, de plus, très homogène et très tenace. En outre, il s'égrène et se déjette moins facilement que l'acier ordinaire à la trempe, ces propriétés spéciales étant sans doute attribuables à l'absence de gaz.

Pour rendre plus précises les descriptions de fours se rattachant à la fabrication électrothermique de l'acier, nous diviserons ceux-ci en deux grandes classes : ceux qui comportent l'emploi d'électrodes fixes ou mobiles ou qui sont constitués par un circuit électrique résistant et ceux qui ne

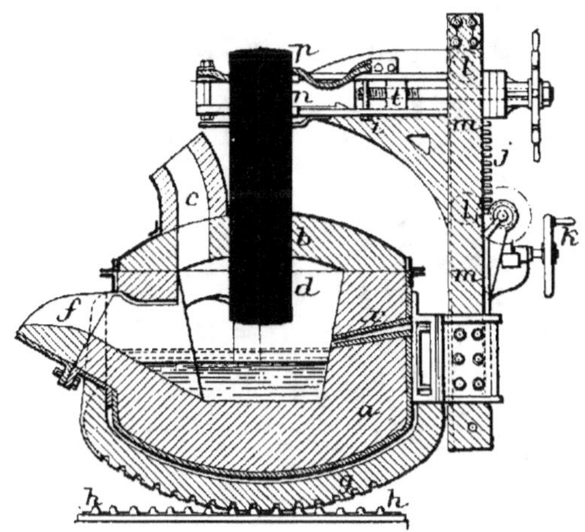

Fig. 28. — Bessemer électrique Héroult (coupe transversale).

comportent pas d'électrodes, appelés encore fours à induction.

§ I. — Fours a électrodes
ou a circuit électrique résistant

Bessemer électrique Héroult. — M. Héroult a imaginé un bessemer électrique représenté par les fig. 28, 29 et 30 qui est actuellement installé aux usines de La Praz. Cet appareil se compose d'un creuset bab surmonté d'un couvercle portant une cheminée c pour l'évacuation des gaz et de deux électrodes C traversant ce couvercle ; un système de potences pnq les soutient et permet également de les élever ou de les abaisser à volonté. A la base du creuset se trouve un boudin à crémaillère g engrenant avec une autre crémaillère h servant de base à l'appareil. De cette façon, le creuset peut osciller facilement à gauche ou à droite selon les nécessités. Deux petites portes *u* ménagées dans les parois latérales de l'appareil permettent de charger le four, de le nettoyer et de le réparer s'il y a lieu. Des tuyères de soufflage *x* permettent d'opérer comme avec un bessemer ordinaire et de pousser le raffinage de la fonte jusqu'au point voulu.

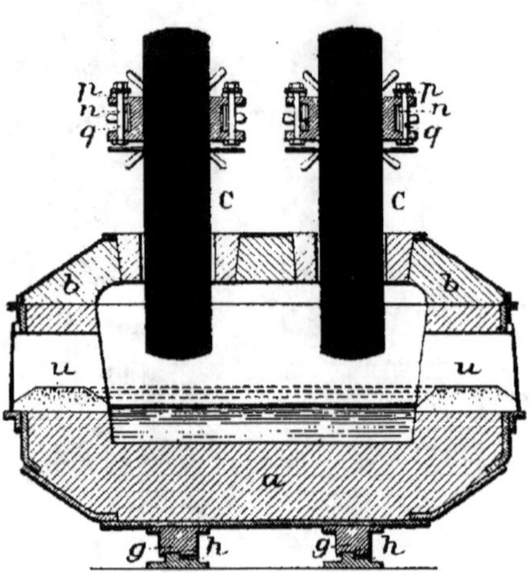

Fig. 29. — Bessemer électrique Héroult (Coupe longitudinale).

Pour se servir de cet appareil, on commence par le charger de fonte solide ou liquide ou encore de riblons. Après la fusion, on évacue le premier laitier et, par addition de minerai, on forme un laitier oxydant ; la décarburation se produit alors par réaction du laitier sur le métal fondu. Une fois l'oxydation terminée, le laitier est de nouveau évacué et remplacé par un laitier artificiel autant de fois que cela est nécessaire pour l'épuration complète. On arrive, de cette façon, à produire un métal presque complètement exempt d'impuretés, et principalement de phosphore et de soufre.

Si l'on part, par exemple, de riblons ou de ferrailles, on charge 2500 *kg* environ de ces matières et l'on provoque la fusion ; celle-ci dure cinq heures environ et le coulage du

premier laitier, à peu près un quart d'heure. On introduit
alors un premier laitier artificiel ou non : la fusion et l'évacuation demandent une demi-heure. On répète cette opération avec un deuxième laitier, le poids de chaque addition
étant de 50 à 60 kg. On ajoute ensuite une quantité suffisante

Fig. 30. — Vue d'ensemble du bessemer électrique Héroult
pour la production de l'acier.

de carburite (carbure de fer à haute teneur en carbone)
pour que la désoxydation soit complète et que l'acier produit
ne contienne pas plus de 6 p. 100 de carbone. Enfin, on
fait les additions finales convenables pour arriver à la composition voulue et l'on coule.

Les qualités de l'acier ainsi obtenu sont les mêmes que
celles des meilleurs aciers fabriqués au creuset. L'étude
micrographique (fig. 31 et 32), pas plus que celle du réchauf-
fement et du refroidissement, ne révèle rien de particulier.
On a simplement observé que les aciers électriques pouvaient
beaucoup mieux se forger que les aciers ordinaires. Ce fait

doit sans doute provenir d'une constitution physique particulière de la matière constituant le produit obtenu.

Procédé Keller. — Au début de ses recherches sur la fabrication électrique de l'acier, M. Keller a imaginé un four destiné à la production de l'acier; l'appareil employé ne diffère

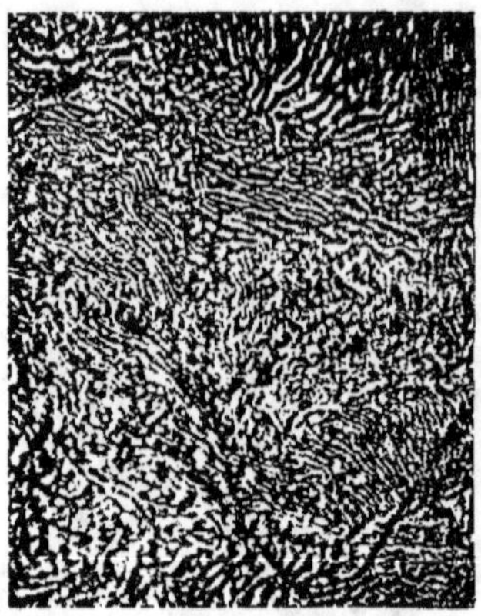

Fig. 31. — Acier électrique Héroult
à 1,016 p. 100 de carbone.

Fig. 32. — Acier électrique Héroult
à 1,029 p. 100 de carbone.

pas sensiblement de celui qu'il a utilisé pour la production de la fonte, mais le voltage y est plus élevé que dans le four de réduction : dans ce dernier, il ne dépasse pas 25 à 30 volts, alors que dans le four d'affinage il doit être compris entre 50 et 75 volts par foyer. La partie supérieure du four est recouverte de voûtes de réverbération et des ouvertures y sont ménagées pour l'introduction des matières à ajouter au métal et pour la prise des échantillons.

Quoi qu'il en soit et malgré une grande compétence sur ces questions, M. Keller a dû renoncer à la réalisation pratique de l'oxydation de la fonte par l'électricité ; il déclare avoir reconnu la nécessité de l'intervention des procédés d'oxydation courants dans la méthode électrique de transformation de la fonte en acier. L'acier ainsi obtenu peut cependant être repris électriquement pour une désoxydation et une épuration complémentaires, s'il y a lieu.

Four Stassano. — M. Stassano, capitaine d'artillerie de l'armée italienne, a imaginé un four électrique pour la fabrication du fer et de l'acier, qui utilise l'arc électrique

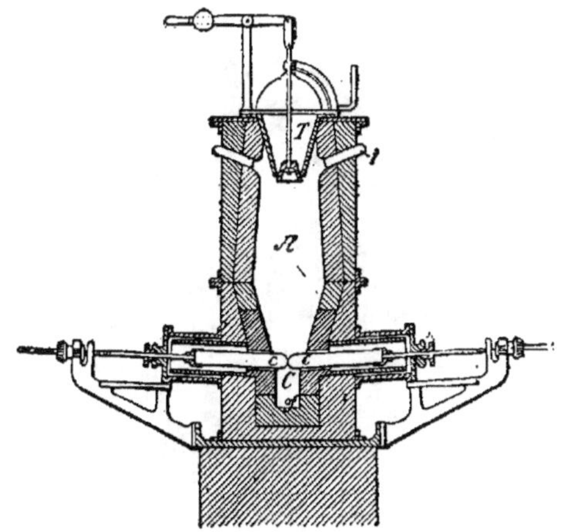

Fig. 33. — Four Stassano (premier modèle).

pour la réduction des minerais et pour fondre ensuite la masse obtenue.

Ce four (fig. 33) se compose de deux troncs de cône réunis par leur plus grande base et dont le supérieur est beaucoup plus allongé que celui qui repose sur la sole de l'appareil. L'espace compris entre ces deux parties constitue une chambre A où s'opèrent la réduction et la fusion du minerai. Une fois fondu, le métal se rassemble dans le creuset C dans la paroi duquel on a ménagé une ouverture pour la coulée du produit final. Les charbons c ont une longueur de 1 m environ et un diamètre de 10 cm. A la partie supérieure du creuset se trouve un orifice destiné à l'évacuation du laitier ; les gaz de la réaction s'échappent par les conduits l aboutissant à une valve hydraulique qui a pour but d'empêcher l'arrivée de l'air dans la canalisation lorsqu'on ouvre le four ; cet orifice possède un dispositif spécial de chargement T.

Voici maintenant comment fonctionne l'appareil : avant

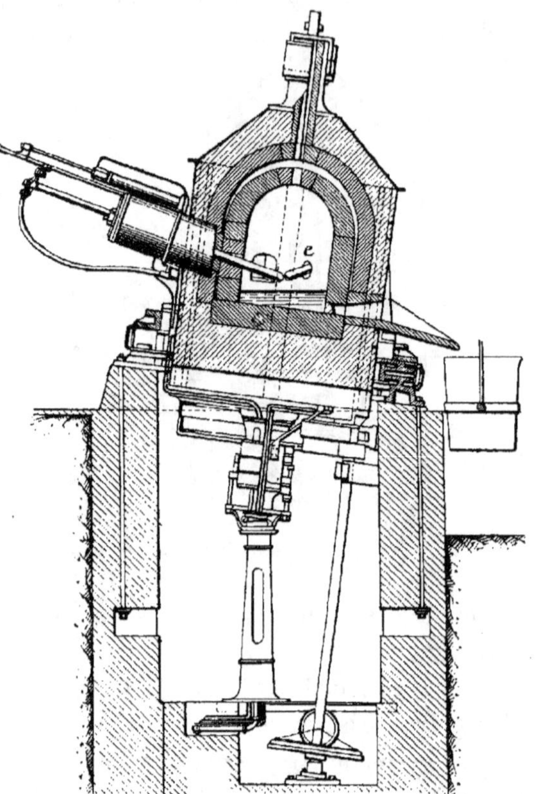

Fig. 34. — Four Stassano (deuxième modèle).

leur introduction dans le four, les minerais subissent un traitement préliminaire ; s'ils sont constitués par des carbonates, ils sont d'abord grillés, puis mélangés en proportions déterminées à du charbon, de la chaux ou de la silice, de façon à donner un métal ayant la composition voulue. Le tout est ensuite pulvérisé et additionné de goudron dans la proportion de 5 à 10 p. 100, de manière à former une pâte que l'on transforme ensuite en briquettes à l'aide d'une presse hydraulique. Ces briquettes, une fois introduites dans l'appareil, se décomposent et donnent avec le charbon de l'acide carbonique qui se transforme en oxyde de carbone.

D'après les calculs de l'inventeur, la puissance nécessaire

Fig. 35. — Vue d'ensemble du four Stassano.

pour produire une tonne de métal serait de 3000 chevaux-heure environ. M. Stassano a, de plus, installé au Val Camonica, en Italie, un ensemble de trois fours absorbant chacun une puissance de 500 *chvx* ; le charbon n'intervient que pour la réduction du minerai et l'arc électrique fournit toute la chaleur nécessaire à la réaction. Les électrodes de charbon sont un peu inclinées sur l'horizontale et le trou de coulée est placé un peu au-dessus de la base. L'ensemble de l'appareil reçoit un mouvement de rotation autour d'un axe légèrement incliné sur la verticale, afin que l'opération s'y effectue le plus régulièrement possible. A titre d'indication pratique, nous donnerons les résultats d'une opération dans laquelle la charge se composait de 100 *kg* de minerai de fer, 23 *kg* de charbon de bois et 12,5 *kg* de castine. En ajoutant à ces matières un mélange de 59,2 p. 100 de carbone, 40,5 d'hydro-carbures et 0,27 de cendres, on obtient un métal dont les éléments sont ainsi répartis :

Fer.	99,764 p. 100
Manganèse.	0,092 »
Silicium.	néant
Soufre	0,059 »
Phosphore	0,009 »
Carbone.	0,090 »

La pureté du métal obtenu provient, en premier lieu, de la nature des minerais de provenance italienne employés et, en second lieu, de l'addition d'agents propres à éliminer à peu près complètement le silicium et en grande partie le soufre et le phosphore.

Pour une installation employant 5 000 *chvx* avec un rendement de 66,2 p. 100 et produisant 30 *t* d'acier par 24 heures, la dépense totale par tonne de métal peut s'évaluer ainsi :

Minerai : 1 600 *kg.* à 15 *fr* la tonne.	24,00 *fr.*
Pulvérisation du minerai à 3 *fr* la tonne.	4,80 »
Castine : 200 *kg* à 5 *fr* la tonne	1,00 »
Coke : 250 *kg* à 45 *fr* la tonne.	11,25 »
Broyage du coke : 2 *fr* la tonne	0,50 »
Mélange : 190 *kg* à 70 *fr* la tonne	13,30 »
Façon du mélange	6,75 »
Electrodes : 12 *kg* à 0,30 *fr* le *kg*.	3,60 »
Entretien du four.	12,00 »
Main-d'œuvre	6,00 »
Ustensiles	3,00 »
Energie électrique : 4 000 chev-h. à 0,005 *fr* . . .	22,80 »
Frais généraux	3,00 »
Total	112,00 *fr.*

A déduire 900 m³, de gaz combustibles à
2 centimes . . . . 18 *fr.*

Prix de revient de la tonne . . . . 94 *fr.*

Dans le four représenté par les fig. 34 et 35, on emploie trois charbons *e* au lieu de deux et l'on fait circuler un courant d'eau dans la double enveloppe du cylindre métallique servant de porte-électrode, afin de maintenir à une température relativement basse la partie métallique du porte-électrode proprement dit qui contient le charbon. Une roue dentée engrénant avec un pignon qui porte l'arbre commandé lui-même par un engrenage conique, imprime au four un mouvement de rotation autour de son axe.

Les avantages de ce four seraient les suivants : 1° dans la chambre de fusion, il y a toujours une atmosphère parfaitement neutre au point de vue chimique ; 2° dans la transformation de l'énergie électrique en énergie thermique par l'arc électrique, on obtient la plus haute température qu'il soit possible de réaliser pratiquement ; 3° les matières à traiter ne se trouvent pas en contact avec les électrodes et par conséquent leur composition ne peut être modifiée par l'absorption de matières étrangères ; 4° enfin, on obtient, par suite du mouvement de rotation imprimé au four, un broyage continu des matières en fusion, ce qui facilite considérablement les réactions chimiques et augmente le rendement.

Four Gin à canal résistant. — L'emploi des électrodes en carbone étant, d'après M. Gin, un obstacle à la décarburation de la fonte et la conductibilité électrique de celle-ci en fusion ne permettant pas d'utiliser, comme cela serait désirable, toute la chaleur fournie par le courant, M. Gin a imaginé un type de four constitué par un canal de grande longueur et de faible section (fig. 36) que l'on remplit de fonte et dont les extrémités B sont en communication respective avec deux blocs d'acier G, refroidis intérieurement par une circulation d'eau. On peut donc comparer ce four à une sorte de lampe à incandescence dont le filament serait constitué par un ruisseau de fonte en fusion.

Lorsqu'on veut mettre l'appareil en marche, on le fait

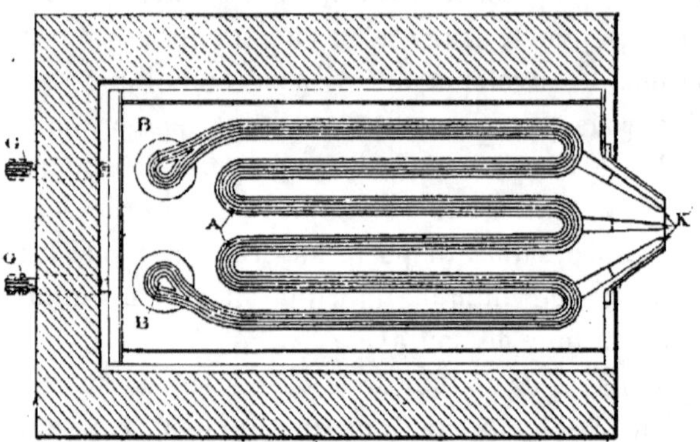

Fig. 36. — Four Gin à canal résistant (Coupe horizontale).

pénétrer dans un four en forme de voûte (fig. 37), de manière à réduire au minimum les pertes de chaleur par rayonnement ; puis une fois en place, on fait passer le courant à travers le circuit et l'on verse de la fonte liquide par les entonnoirs H. Pour enlever les scories, on se sert d'une

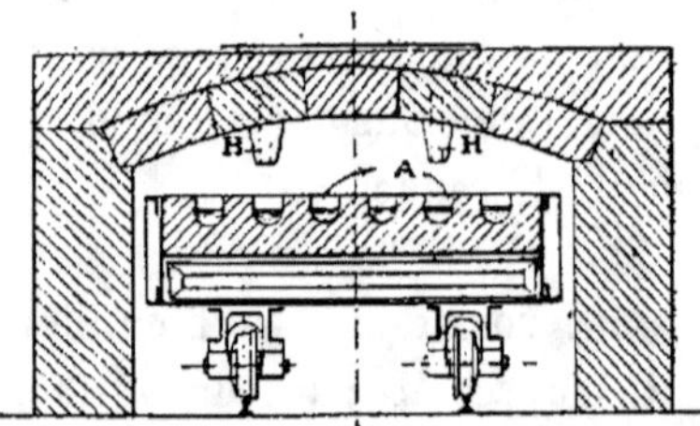

Fig. 37. — Four Gin à canal résistant (Coupe verticale).

raclette en fer que l'ouvrier manie en se plaçant devant l'entrée du four. La coulée de l'acier s'effectue par les orifices K placés à l'extrémité du four opposée aux prises de courant.

Cet appareil ne permettant pas d'introduire en masse le minerai et les matières additionnelles, à cause de la trop faible section du canal de chauffage, M. Gin l'a perfectionné, principalement en effectuant le chauffage électrothermique et les opérations de réduction ou d'affinage dans des capacités différentes. Le raffinage ou la réduction sont effectués dans des

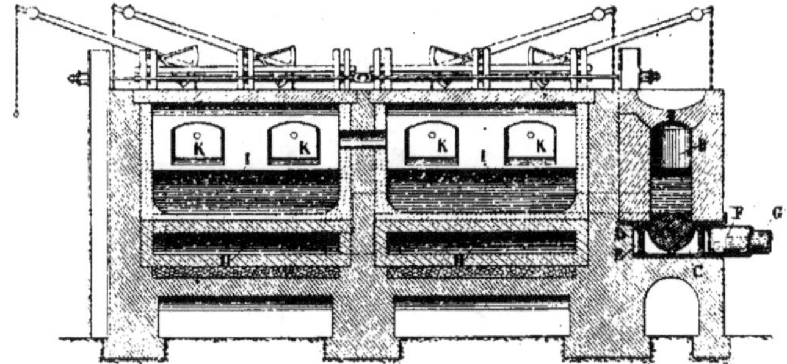

Fig. 38. — Four Gin à canaux et à cuvettes (Coupe verticale longitudinale).

cuvettes qui communiquent entre elles et avec les prises de courant par les canaux de chauffage proprement dits. Pour diminuer le plus possible les pertes calorifiques et pour simplifier en même temps la construction du four, on condense l'ensemble des cuvettes et des canaux dans un espace res-

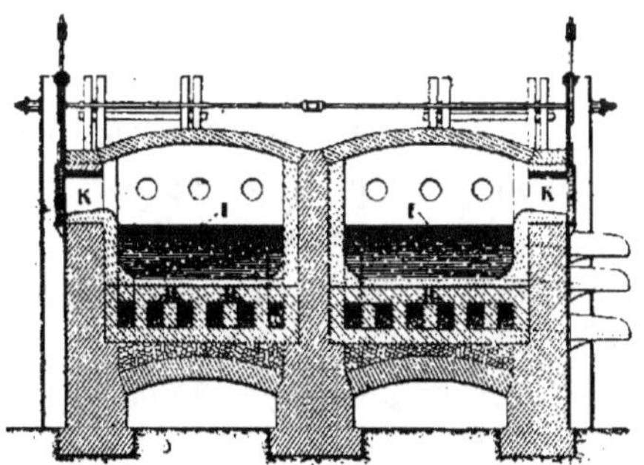

Fig. 39. — Four Gin à canaux et à cuvettes (Coupe verticale transversale).

treint ; les canaux II sont logés dans les parois mêmes des cuvettes, mais on peut également les replier dans l'épaisseur du fond des cuvettes, ainsi que le représentent les fig. 38 et 39. Chaque cuvette I est munie d'une porte K destinée à l'intro-

duction des matières à transformer en acier et de trous de
coulée destinés à l'évacuation du métal et des scories.

Fours Girod. — Parmi les fours à électrodes inventés au
cours de ces dernières années par M. Girod, nous mentionnerons d'abord le four à bascule dont la fig. 40 est une coupe
verticale et la fig. 41 une coupe horizontale. Cet appareil, qui

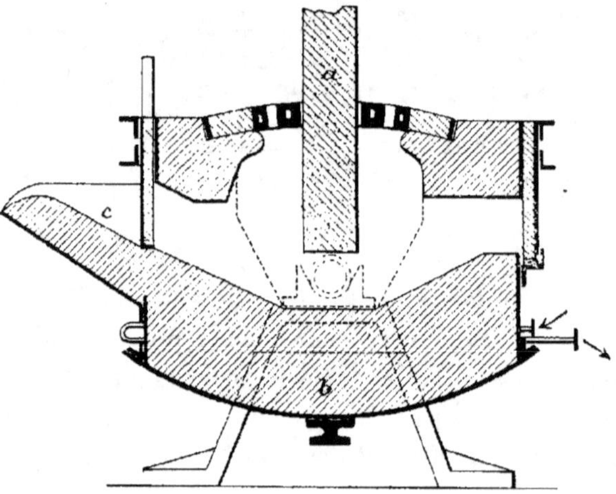

Fig. 40. — Four Girod : premier modèle (Coupe verticale).

a la disposition générale des creusets-électrodes, se compose essentiellement d'un creuset *b* garni extérieurement
d'un revêtement en tôles rivées ; ce dernier supporte un
épais garnissage de briques en magnésie dans lequel huit
électrodes en acier moulé, placées à la partie inférieure
de l'appareil, sont noyées ainsi que le montre la fig. 41. Le
courant arrive à ces électrodes par une plaque de fond reliée
à l'un des pôles de la dynamo, tandis que les huit électrodes
sont constamment refroidies par une circulation d'eau.

De cette façon, l'électrode inférieure ne risque jamais de
carburer le bain, puisque la partie en contact avec le métal en
fusion se trouve être de la même constitution que celui qui
subit l'action électrothermique du courant.

Cet appareil est fermé à sa partie supérieure par un con-
vercle percé d'une ouverture pour le passage de l'électrode
mobile verticale *a* qui le traverse à frottement doux. Ce couvercle, qui possède un garnissage magnésien, est également
refroidi par une circulation d'eau. Le four repose par des
tourillons sur deux appuis fixes et il peut, à l'aide d'un dispo-

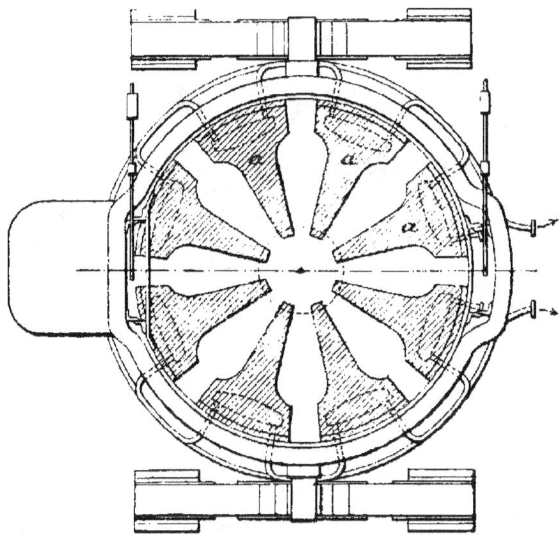

Fig. 41. — Four Girod : premier modèle (coupe horizontale).

sitif spécial d'engrenages à crémaillère, pivoter sur lui-même
et basculer au moment de la coulée.

Lorsque l'appareil est en fonctionnement, le creuset étant
rempli de métal, celui-ci fond d'abord ; les pièces en acier
fondent également jusqu'à une profondeur de 10 *cm* environ
dans l'épaisseur de la maçonnerie où la fusion s'arrête du
fait de l'éloignement du centre générateur de chaleur et aussi
par suite du refroidissement causé par la circulation continue
d'eau à basse température.

Suivant la puissance du four, les dimensions des électrodes peuvent varier, mais celles-ci sont toujours branchées

en parallèle. Les électrodes étant toutes de même polarité, on ne craint pas de courts-circuits dans le creuset, si bien que le four fonctionne d'une manière très stable. Deux portes *c*, l'une placée en avant du four et l'autre en arrière, servent à l'évacuation des produits fondus après l'opération et au chargement des éprouvettes d'essai. Quant à l'amorçage, il s'effectue très régulièrement et la fusion s'opère très tranquillement, quelles que soient la nature du produit fabriqué et la capacité du four.

Fig. 42. — Four Girod : deuxième modèle (coupe verticale).

M. Girod a imaginé un autre four qui convient parfaitement à la fabrication de l'acier et dans lequel le pôle inférieur, au lieu d'être constitué uniquement par de l'acier moulé, peut être fait de graphite ou de toute autre substance conductrice convenable, avec ou sans refroidissement intérieur.

La fig. 42 représente un four circulaire oscillant, dans lequel le pôle noyé dans la maçonnerie est constitué de préférence par un anneau en fonte muni d'une circulation d'eau. Cet anneau se recouvre immédiatement d'une couche de métal solidifié qui lui-même amène le courant au métal *m* en fusion. Le pôle supérieur est constitué par une ou plusieurs

électrodes *c* et le courant traverse le laitier et le minerai en
fusion. Ce qui importe, c'est que les électrodes inférieures
soient toujours placées de manière à ne pas être atteintes
par une trop grande élévation de température qui les ferait
fondre, elles ou le métal servant de liant entre la fonte
en fusion et lesdites électrodes. C'est le laitier qui sert
de résistance entre le métal *m* fondu et les électrodes supérieures. Le four peut du reste fonctionner également comme
simple four à arc ; il suffit, pour cela, de faire jaillir celui-ci
au-dessus du laitier ; tout dépend de la tension employée,
laquelle peut varier entre certaines limites suivant la qualité
des produits que l'on désire obtenir.

Four Harmet. — M. Harmet a imaginé un procédé de
fabrication du fer et de l'acier, dont la figure 43 donne une
idée. Son appareil est un véritable haut-fourneau électrique
combiné avec un convertisseur également électrique ; l'ensemble des fours comprend trois parties tout à fait distinctes
quant à leur rôle et qui correspondent chacune à une phase du
traitement : un appareil **A**, destiné à la fusion des minerais ;
un second appareil **B** pour la réduction ; un troisième appareil **C** pour la mise au point du métal et la fabrication de
l'acier. Bien que cet appareil n'ait pas encore fait l'objet
d'une exploitation industrielle, nous dirons quelques mots
de son fonctionnement, l'idée qui a guidé son inventeur étant
des plus ingénieuses.

Le minerai est d'abord chargé dans la cuve *d*, dont la partie inférieure évasée débouche dans la voûte *c* du four de
fusion ; la sole de celui-ci est inclinée vers le canal de communication *h* avec le réducteur **B**. Les gaz incandescents
venant de celui-ci circulent dans l'espace libre *c*, puis mon-
tent par *h*, où ils sont soufflés par les tuyères *i* dans le four
de fusion ; ils fondent le minerai qui se trouve en *e* et, après
avoir traversé la masse poreuse contenue dans la cuve,
s'échappent par le gueulard *a*.

Afin de régulariser la répartition de la chaleur dans la charge d'oxyde et de suppléer à l'insuffisance des calories provenant des gaz seuls, de longues électrodes *ff*, en charbon, pénètrent jusqu'au centre de la masse *e*.

Le four de réduction se compose d'une tour cylindrique *p* qu'on charge par la partie supérieure avec la matière réduc-

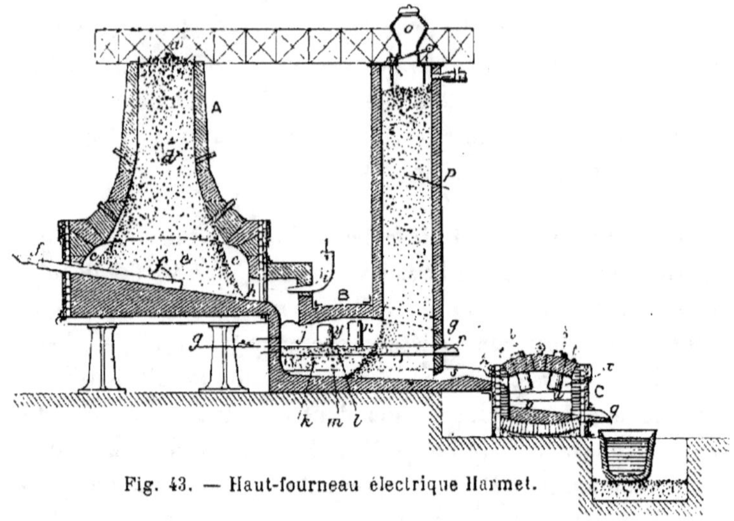

Fig. 43. — Haut-fourneau électrique Harmet.

trice (coke, anthracite ou charbon de bois). La colonne formée par celle-ci traverse la voûte du creuset *j* où a lieu la réduction et dont la sole inclinée est pourvue d'un trou de coulée *s* pour le métal ; une gouttière y fait immédiatement suite et aboutit au four électrique d'affinage C. Quant au laitier, il est évacué de l'appareil par un orifice *r* situé au-dessus de *s*. Deux électrodes en charbon *y* et *n* amenant le courant au four, servent à produire la quantité de chaleur nécessaire à la réduction du minerai.

Le four d'affinage C ne diffère pas sensiblement, au point de vue théorique, de ceux qui se rattachent à d'autres procédés. Il se compose (fig. 44) d'une cuve à section circulaire, dont la voûte est traversée par deux électrodes en charbon d'un diamètre suffisant. Il est muni de plusieurs ouvertures pour l'introduction des corps réducteurs et l'évacuation du laitier et du métal pur.

Fours divers : Couley, Cohn, Galbraith et Stewart. — Le four Couley, qui a été appliqué en grand aux Etats-Unis, se compose (fig. 45 à 47) d'un tronc de cône b renversé, destiné à

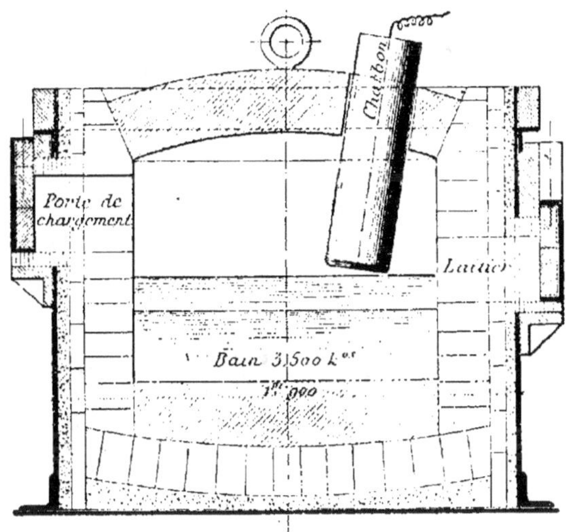

Fig. 44. — Four d'affinage Harmet.

l'introduction des matières premières, et d'un creuset a, placé à la partie inférieure du four où tombe le métal réduit et fondu. Ce four est à résistance et le courant arrive dans l'appareil au moyen de deux couronnes m m et n n formées de plombagine et d'argile et disposées en deux étages. La matière à réduire est chauffée au contact de ces résistances et l'on peut traiter, de cette manière, soit le minerai de fer pour la production directe de l'acier, soit la fonte elle-même ou les riblons.

Le four Cohn, qui ne se rapporte qu'indirectement à la fabrication de l'acier, a simplement pour but de chauffer électriquement l'acier que l'on doit travailler ou durcir. Il contient un bain de fusion qui rend la température absolument uniforme et soustrait le métal à l'action de l'air ou des gaz. Les électrodes sont en fer et une électrode auxiliaire formée par une barre de fer et un morceau de charbon établit un court-circuit qui, lorsqu'on le rompt, forme un arc ayant pour mission de fondre le sel métallique se trouvant à

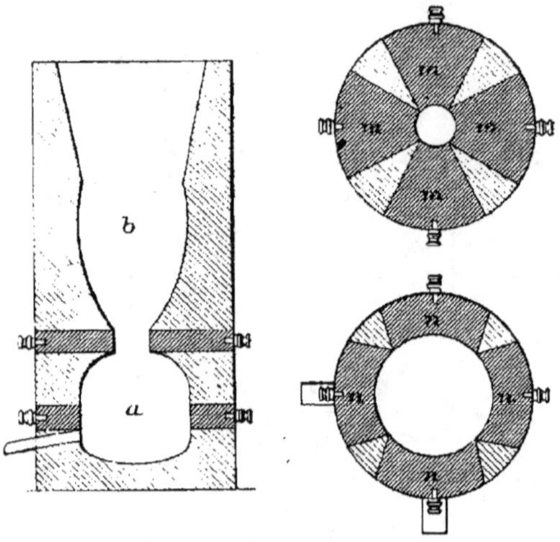

Fig. 45, 46 et 47. — Four Couley (coupes verticale et horizontales).

proximité. Le courant fond d'abord le sel puis le bain métallique et l'on peut ainsi arriver à traiter les aciers les plus fins, puisque la température atteint facilement 1 300°. Le bain est généralement constitué par du chlorure de baryum. Des mesures faites en différents points du liquide fondu ont montré que la température de celui-ci est tout à fait uniforme, la consommation d'énergie étant à peu près la suivante : 5,4 kilowatts pour 880°, 8,5 kilowatts pour 1 150° et 12,25 kilowatts pour 1 300°.

Galbraith et Stewart ont également fait breveter un four qui a pour but de fabriquer électriquement de l'acier et qui est entièrement en graphite. Il contient un grand nombre de

barreaux prismatiques en graphite et chaque groupe de barreaux constitue une grille; huit de ces groupes sont super-
posés dans le four, les barreaux étant alternativement per-
pendiculaires les uns aux autres.

Pour faire fonctionner cet appareil, le courant alternatif
produit par un générateur de 100 kilowatts environ et trans-
formé de manière à abaisser la tension de 18 volts, est envoyé
dans les barreaux de graphite qui sont pressés entre des blocs
de fer pour assurer un bon contact. Quand ces barreaux sont
incandescents, la température produite est de 1 600° environ.

La Galbraith Iron and Steel C°, qui exploite ce four, peut
produire directement de l'acier en opérant, dans de bonnes
conditions de rendement, le raffinage de la fonte ou des riblons;
d'après les inventeurs, le métal produit serait d'excellente
qualité.

Le four Galbraith est particulièrement destiné au traitement des sables ferrugineux, dont il est très difficile de tirer
parti à l'aide des fours électriques ordinaires, ainsi que nous
l'avons vu précédemment, même lorsqu'on en forme des
briquettes. Dans ce but, le sable ferrugineux est additionné
de charbon pulvérisé et ce mélange, introduit dans la partie
supérieure du four, tombe sur des grilles en graphite qui sont
reliées à une génératrice à courant alternatif, fonctionnant
sous la tension de 18 volts.

Le sable ferrugineux est d'abord réduit, puis entre en
fusion par son passage sur les lames de graphite portées au
rouge. Une fois liquéfiée, la masse s'écoule par une ouverture
ménagée dans la partie inférieure du four et est ensuite
recueillie. L'affinage, destiné à donner le produit définitif,
peut produire 17 kilogrammes d'acier à l'heure, avec une consommation moyenne de 1,1 kilowatt. La compagnie « Brush »
qui a effectué des essais avec ce four, le regarde comme fort
avantageux dans les pays où l'on peut disposer de force
motrice peu onéreuse.

Four Chaplet (Société de la néo-métallurgie). — Ce four, qui est destiné à la fabrication d'aciers très purs, en partant de matières premières courantes, se compose (fig. 48) d'une cuve a dans laquelle on produit l'arc destiné à fondre le métal ; une ou plusieurs électrodes c, en graphite, de même polarité, amènent le courant au-dessus du métal à traiter, tandis que l'autre électrode c' est destinée au courant de retour. Suivant les cas, cette dernière peut être constituée soit par du carbone, soit par du métal. La cuve peut être froide ou du moins la matière conductrice qu'elle contient peut ne pas être à l'état fondu, grâce à un refroidissement naturel ou

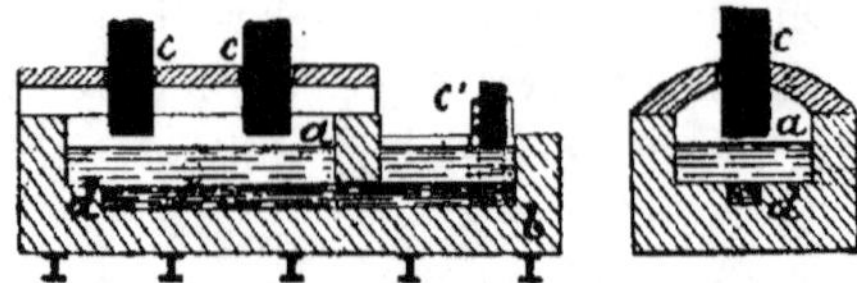

Fig. 48. — Four Chaplet (coupes longitudinale et transversale).

artificiel. Un canal d, rempli de matière conductrice (fer ou acier) assure la communication électrique entre les deux cuves a et b. Un trou de coulée, percé à un niveau convenable, permet l'écoulement des matières traitées dans la cuve a. Le couvercle en voûte que traverse l'électrode c et qui forme réverbère, peut être fait de silice, de magnésie, ou même de carbone, à la condition d'être complètement isolé de la cuve ou des électrodes c.

L'ensemble peut être monté ou non à bascule, mais le tout doit être disposé de telle façon qu'au moment de la coulée le courant ne soit pas brusquement arrêté par un désamorçage dû à une inclinaison exagérée du bain en fusion. La bascule est souvent avantageuse pour obtenir un bon brassage des matières, et ce four, tel qu'il est disposé, peut affiner la fonte ou fabriquer des aciers spéciaux, comme les appareils précédemment décrits ; de même on peut l'utiliser pour la réduction des oxydes destinés à donner directement leur métal pur ou allié.

§ II. — Fours a induction

Four Ferranti. — Le premier four électrique à induction qui ait été conçu, est dû à Ziani Ferranti qui, dans son brevet anglais du 15 janvier 1885, donna une description très complète de l'appareil qu'il avait imaginé (fig. 49). Ce four se compose, en principe, d'un transformateur $m\,n$ dont l'armature, composée de métal divisé en lames minces formant trois piliers, supporte deux enroulements : le courant primaire arrive dans le premier enroulement, tandis que le second est constitué par une auge $a\,a'$ en matière réfractaire et non conductrice destinée à recevoir le métal fondu à affiner. Cette auge se ferme en court-

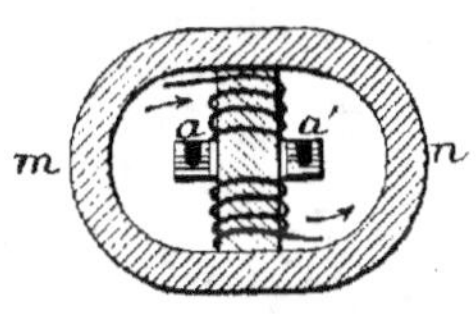

Fig. 49. — Coupe schématique du four Ferranti.

circuit pendant le fonctionnement de l'appareil et, de cette façon, l'énergie induite se transforme en chaleur. Malheureusement et malgré une conception presque parfaite des phénomènes en vue, Ferranti n'a pas su tirer un parti industriel de ce four et il a dû être abandonné.

Four Saladin-Schneider. — Dans ce four, on a eu comme but principal d'assurer un bon rendement à l'appareil transformateur, en construisant le circuit secondaire de telle façon que le métal puisse y circuler, à l'état fondu, d'une façon uniforme et constante. Pour cela, on a dû se baser tout d'abord sur la remarque suivante : quand on

Fig. 50.

fait fonctionner un four présentant à peu près les mêmes dispositions que celui de Ferranti, on s'aperçoit bien vite que le métal contenu dans le canal (circuit secondaire) est animé d'un mouvement tourbillonnaire très marqué et qu'il ne reste pas immobile ; mais ce mouvement est principalement

confiné aux sections diamétrales du creuset annulaire, de sorte
qu'il est toujours à craindre, avec un tel dispositif, qu'entre deux
points éloignés du canal, le mélange se fasse lentement. Le principe du dispositif qu'il faut adopter est analogue à celui des
chaudières à circulation d'eau dans des tubes : un grand réservoir rempli d'eau et non chauffé peut être facilement entre-
tenu à haute température par un tube de circulation chauffé
(fig. 50). La différence de densité entre l'eau froide et l'eau chaude amène au réservoir M, par une circulation active, les calories provenant du tube n. Le phénomène ne changera pas si l'on substitue à l'eau contenue dans le réservoir, une masse de métal fondu et si l'on

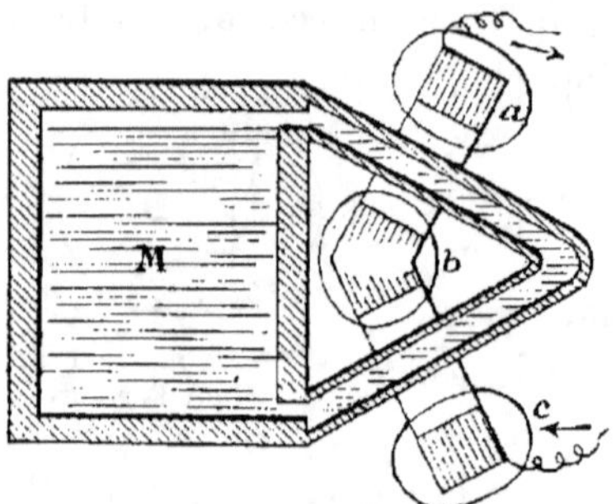

Fig. 51. — Four à induction Saladin-
Schneider.

chauffe le tube extérieur à ce réservoir au moyen d'un courant
électrique provenant du circuit secondaire d'un transformateur.

Le four Saladin-Schneider (fig. 51) est exactement basé sur
ces données. Il se compose d'un grand récipient M garni extérieurement de matériaux réfractaires et relié à deux canaux
rectilignes passant entre les branches d'un transformateur a,
b, c, à trois piliers portant l'enroulement primaire. De cette façon, le métal contenu dans le récipient fond rapidement sous
l'influence de la chaleur qui lui est apportée par le tube chauffé
électriquement et, si l'on veut activer le mouvement du
liquide, on peut laisser un des tubes dans la position horizontale et incliner légèrement l'autre. Le chauffage s'effectue
du reste d'une façon très énergique et l'on peut, dans cet
appareil comme au four Martin, obtenir un excellent métal
et effectuer toutes les réactions et additions nécessaires à l'obtention du produit final.

Four de Gysinge-Kjellin. — Le four de M. Kjellin, installé aux usines de Gysinge (Suède), ne présente pas de différence sensible, au point de vue théorique, avec celui de Ferranti, mais il a été rendu d'un emploi pratique par les dispositions réciproques des circuits secondaire et primaire. Il se com-

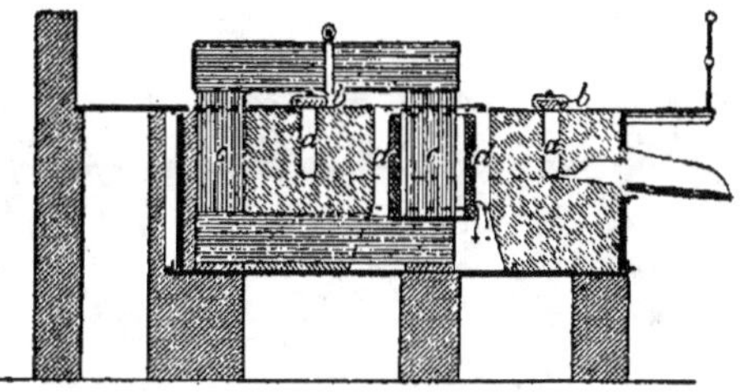

Fig. 52. — Four à induction de Gysinge.

pose, comme le premier, d'une sorte de transformateur dont le primaire serait constitué par un fil très fin alimenté par un courant à haute tension et le secondaire par une seule spire fermée sur elle-même et constituée par le bain métallique à transformer en acier.

Pratiquement, il se compose (fig. 52) d'un bloc en matière réfractaire dans lequel est ménagée une rainure circulaire *a* servant de creuset de fusion ; pendant le cours des opérations, cette rainure est complètement fermée par un couvercle mobile *b*. Au centre, se trouve un noyau de fer quadrangulaire *c* constitué par de minces feuilles de fer doux se prolongeant sur l'un des côtés du four, comme on le voit sur la coupe (fig. 52). Ce noyau de fer est enfin lui-même entouré d'une bobine de fil de cuivre.

Il est alors facile de comprendre que, si l'on met en communication respective les deux extrémités du fil de la bobine avec les deux pôles d'une source d'énergie électrique à haute tension, on recueillera dans le métal en fusion constituant le secondaire du transformateur, un courant d'intensité considérable, en raison de sa grande conductibilité.

On peut donc, par ce procédé, obtenir très aisément le degré de chauffage voulu dans le métal en fusion en réglant convenablement l'intensité du courant dans la bobine entourant le cadre de fer doux rectangulaire.

Pour mettre l'appareil en fonctionnement, on charge la rigole circulaire avec de la fonte et des riblons de fer ; puis une fois toute la masse fondue et échauffée, on ajoute un peu de ferro-manganèse ou tout autre alliage nécessaire à la constitution de l'acier que l'on a en vue et l'on continue l'opération pendant une demi-heure environ. Au bout de ce temps,

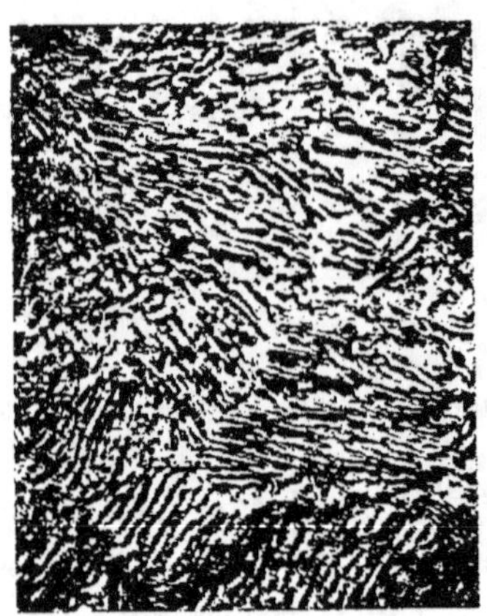
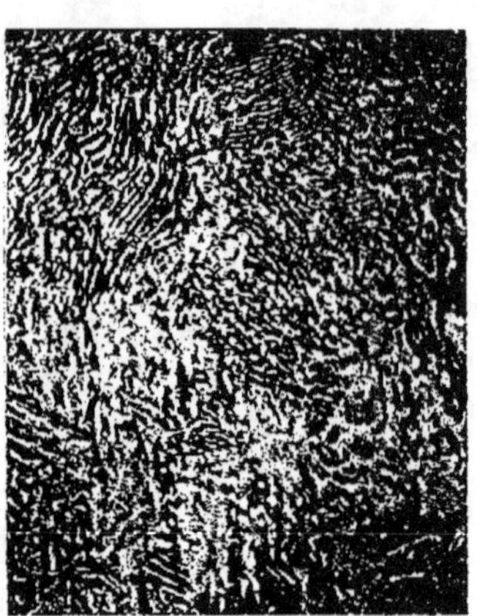

<table>
<tr><td>Fig. 53. — Acier de Sheffield
à 0,90 p. 100 de carbone.</td><td>Fig. 54. — Acier de Gysinge
à 0,98 p. 100 de carbone.</td></tr>
</table>

(Grossissement : 1 500 fois environ).

l'acier est prêt pour la coulée ; cette dernière opération s'effectue comme dans la métallurgie ordinaire.

Le tableau suivant donne les résultats d'analyses effectuées sur deux échantillons d'acier provenant de Gysinge :

ÉLÉMENTS CONSTITUANTS	1er ÉCHANTILLON	2e ÉCHANTILLON
Carbone	1,450 p. 100	1,200 p. 100
Silicium	0,470 »	0,740 »
Manganèse	0,490 »	0,460 »
Phosphore	0,011 »	0,013 »
Soufre	0,010 »	0,010 »

On peut fabriquer au four de Kjellin des aciers spéciaux

au nickel, au chrome, au manganèse, au tungstène, sans la moindre difficulté. L'acier chromé et l'acier au tungstène qui proviennent de Gysinge se prêtent tout particulièrement à la torsion; ce dernier permettrait en outre de fabriquer des aimants permanents beaucoup plus puissants que ceux fabriqués avec l'acier ordinaire.

Les épreuves micrographiques ci-dessus représentent deux aciers fabriqués l'un (fig. 53) à Sheffield et contenant 0,90 p. 100 de carbone et l'autre (fig. 54) à Gysinge et contenant 0,98 p. 100 de carbone. On peut se rendre compte que l'acier électrique paraît avoir une constitution aussi homogène que celui de Sheffield, ce dernier étant presque entièrement constitué par de la perlite.

Four Hiorth.— Le four Hiorth (fig. 55), qui sert en Norvège pour la fabrication de l'acier et qui est tout récent, présente à peu près la même disposition que celui de Gysinge. Il se compose d'un revêtement creux et cylindrique en maçonnerie Q dans lequel le récipient annulaire L offre la place suffisante pour le logement de la charge c. Celle-ci est introduite dans le four par la partie supérieure et les scories en sont évacuées par l'écrémage ou par un trou de coulée spécial. Le métal s'écoule du four, une fois affiné, par l'orifice A.

Pour obtenir la continuité du fonctionnement, on emploie simultanément le même électro-aimant SBMR pour deux fours ou plus, si cela est nécessaire. Un courant alternatif à haute tension est amené à la bobine S, et celle-ci est formée d'un enroulement en fil de cuivre isolé et disposée autour du noyau M. Par suite, un courant secondaire de basse tension et de haute intensité se trouve induit dans le four L qui a la forme d'un anneau, ainsi que dans sa charge c. Quand, par exemple, on amène à la bobine un courant de 90 ampères sous 3 000 volts, on obtient, dans la charge, un courant de fusion de 3 000 ampères sous 70 volts, les dimensions réciproques (diamètre et longueur) des circuits primaire et secondaire étant calculées pour arriver à ces résultats.

Lorsqu'il y a lieu de reconstruire un des fours, on fait passer une partie de sa charge dans l'autre four et, en même temps, on monte sur ce dernier la partie mobile attribuée au four mis hors d'usage, après quoi on peut immédiatement

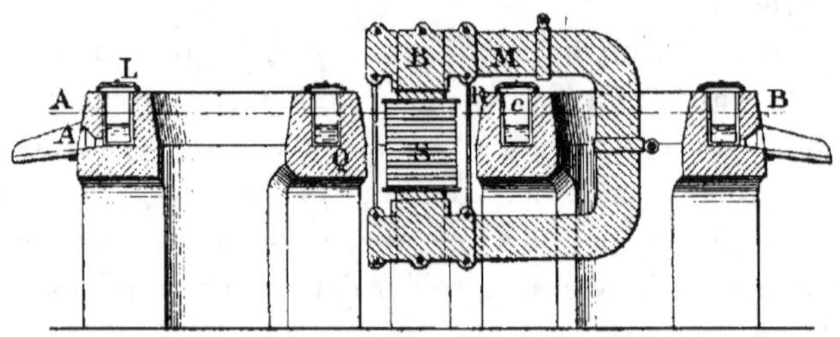

Fig. 55. — Four Hiorth.

continuer la fusion, ce qui assure un très bon rendement à l'appareil.

Fours Gin. — Pour rendre continue la circulation des matières fondues destinées à être transformées en acier, M. Gin a imaginé un dispositif qui consiste à effectuer la fusion du métal dans un *creuset-canal* formé d'une suite de récipients découverts ainsi que le représente la figure 56. Le fond des canaux est légèrement incliné dans le sens longitudinal, ceux-ci étant réunis (fig. 57) par des conduits fermés latéralement et mettant en communication l'extrémité profonde d'un canal quelconque avec l'origine moins profonde de celui qui le suit.

Comme l'effet Joule varie en raison inverse des sections, la masse fondue la moins chaude se rassemble dans la partie profonde des canaux découverts; de plus, les masses liquides qui communiquent entre elles par l'intermédiaire des conduits fermés ayant des densités différentes par suite d'un grand écart de température, il se produit, comme on doit s'y attendre, un mouvement ascensionnel des molécules liquides dans les conduits fermés. Le chauffage a, du reste, pour effet de renforcer ce déplacement et, par suite de la continuité de l'opération, il s'effectue une circulation générale et complète de toute la masse fondue renfermée dans les canaux.

Comme on le voit très nettement sur les deux coupes ci-dessous, sur lesquelles on n'a pas figuré les transformateurs pour les simplifier, le creuset de fusion possède une forme

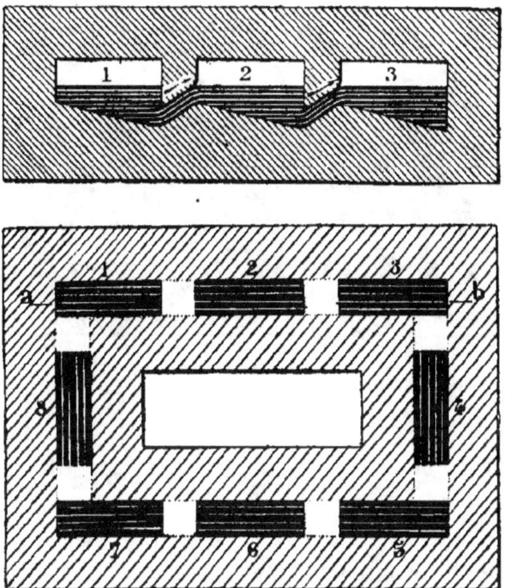

Fig. 56 et 57. — Four à induction Gin (coupes schématiques).

rectangulaire et comprend huit canaux découverts reliés par un nombre égal de conduits fermés.

Il est évident que la forme et les dispositions adoptées pour le système inducteur peuvent varier sans rien changer à la valeur du procédé en question ; de même, le nombre et l'emplacement des canaux peuvent affecter un grand nombre de dispositions. C'est ainsi que les figures 58 et 59 représentent deux variantes à quatre canaux découverts reliés par quatre conduits fermés. Avec tous ces dispositifs, un seul inducteur suffit pour tout le circuit.

Le dernier four à induction Gin (fig. 60 à 62) est constitué par un caisson en tôle renfermant tout le système électrique et électromagnétique et reposant sur deux tourillons f. Les canaux à surface libre a, dits canaux de travail,
sont placés parallèlement, inclinés longitudinalement et
réunis par des conduits à section circulaire b, dits conduits de
chauffage, qui mettent en communication l'extrémité profonde de chaque canal avec l'origine moins profonde du canal
suivant.

Le circuit primaire se compose d'un enroulement de cuivre

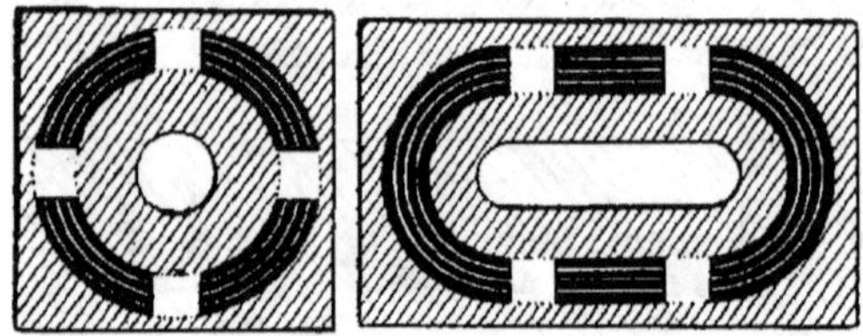

Fig. 58 et 59. — Variantes du four Gin.

isolé autour des branches horizontales supérieures du circuit
magnétique double. Les deux bobines constituant le primaire ont le même nombre de spires et sont connectées en
série. Le circuit secondaire est constitué par les matières
conductrices contenues dans les canaux a et les conduits b.

Pour assurer une réfrigération aussi parfaite que possible,
de même que pour protéger les câbles inducteurs contre les
radiations des maçonneries chaudes, il est interposé, entre
les faces internes des cadres magnétiques et les maçonneries
adjacentes, des chambres métalliques parcourues par une
circulation d'eau.

Le système d'oscillation constitué par les tourillons f et le
vérin électrique m permet l'évacuation de partie ou totalité
des scories sans qu'il soit pour cela nécessaire d'interrompre
le passage du courant. Il en est de même pour la coulée du
métal qui s'effectue par le bec d'évacuation n.

Ce four se prête parfaitement à la fabrication de l'acier par
simple fusion, c'est-à-dire en partant, comme dans la préparation au creuset, d'un mélange de matières solides choisies
et n'exigeant que peu ou pas d'épuration.

Le chargement s'effectue aisément par une porte ménagée
en haut des canaux relativement larges. De plus, l'inégale

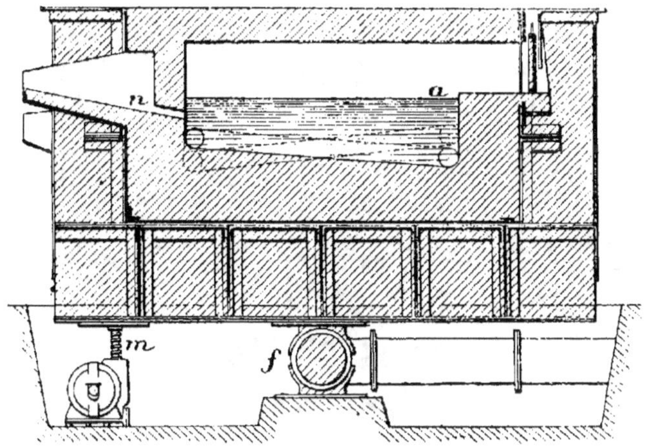

Fig. 60. — Four à induction Gin (coupes verticale et longitudinale).

répartition des matières solides dans les canaux n'a aucune
importance par suite de la circulation continuelle du métal
liquide dont il reste un stock permanent à la fin de chaque
coulée.

On peut, comme dans la fabrication du creuset et en partant
d'un mélange de fonte et de fer en proportions déterminées,
obtenir un produit fondu renfermant une teneur calculée en
carbone, mais il est également facile d'éliminer ou d'ajouter
du carbone en fin d'opération, comme aussi d'incorporer des
constituants quelconques. L'addition finale du carbone se fait
très simplement en jetant à la surface du métal du charbon
de bois ou en ajoutant à la masse fondue des morceaux de
fonte très carburée. C'est là un avantage important sur la

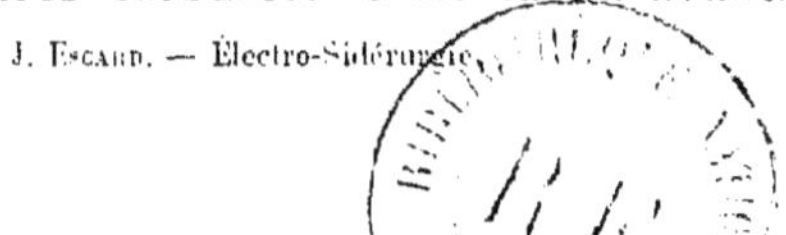

fabrication au creuset qui ne se prête pas facilement aux retouches avant la coulée.

La quantité d'énergie nécessaire pour la production d'une tonne d'acier par simple fusion varie avec la puissance des fours et les conditions de travail, entre 660 et 800 kilowatts-heure.

Mais ce four se prête également au suraffinage de l'acier sortant du four Martin ou du convertisseur Bessemer. Il

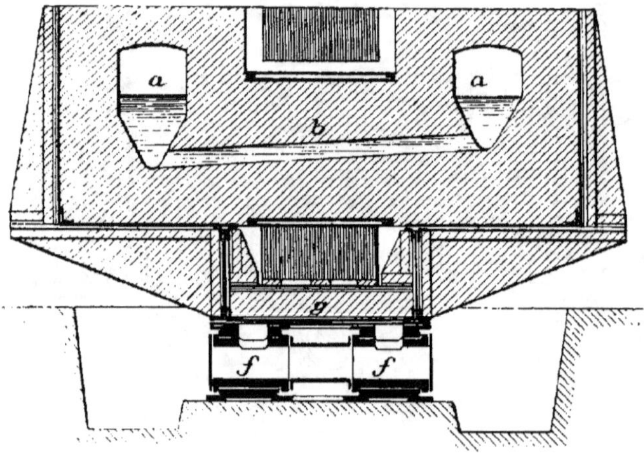

Fig. 61. — Four à induction Gin (coupe verticale transversale).

semble même que cette application soit une des plus intéressantes que l'on puisse concevoir. En effet, le grand obstacle à l'emploi du four électrique est évidemment le prix de l'énergie électrique. Or, dans le suraffinage, le métal pénètre dans le creuset électrique à une température déjà élevée et voisine de sa température de coulée finale. Le chauffage proprement dit n'exige donc qu'une quantité d'énergie très peu considérable. D'autre part, les réactions épurantes s'appliquent à de si faibles quantités d'impuretés et mettent en jeu si peu de réactifs qu'il n'y a presque pas lieu d'en tenir compte. Le rôle du courant électrique se borne donc à maintenir le four à sa température de régime ou, ce qui revient au même, à compenser seulement les pertes par émission.

En fait, il semble que la quantité d'énergie à consommer par tonne de métal peut varier, selon la puissance des fours, entre 250 et 375 kilowatts-heures.

On peut, de même, à l'aide de ce four, affiner la fonte brute par la méthode d'oxydation au moyen du minerai. L'oxygène de l'oxyde de fer ajouté au bain brûle le silicium, le manganèse et le carbone et ce dernier corps est éliminé

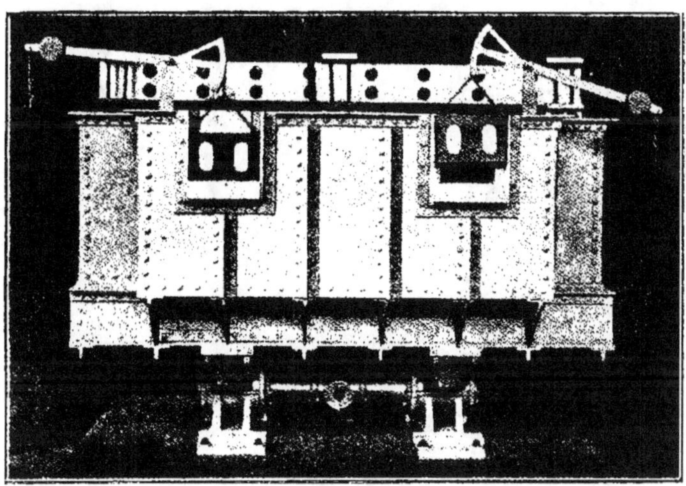

Fig. 62. — Vue d'ensemble du four à induction Gin.

avec d'autant plus de facilité que la température est plus élevée.

Lorsque la fonte ou le mélange de fonte et des scraps est bien fondu, on ajoute le minerai à la pelle; il se produit une ébullition assez vive, qui se calme peu à peu; lorsque la décarburation ne se manifeste plus que par de petites flammes bleues, ou incline le four du côté des portes de chargement et l'on décrasse; on ajoute ensuite une nouvelle charge de minerai. Les mêmes phénomènes se reproduisent, quoique plus atténués cette fois, et l'on juge que la décarburation est suffisante lorsque les flammes bleues ne se manifestent que d'une façon insensible. On procède alors à des prises d'essai et, s'il y a lieu, aux additions finales s'il s'agit de la fabrication d'aciers spéciaux.

Aussitôt que le silicium est éliminé, on peut faire intervenir les réactifs basiques pour l'élimination du soufre et du phosphore. On peut aussi faire agir la chaux au commencement de l'épuration.

Quant à la consommation d'énergie électrique pour le traitement d'une tonne de fonte avec ou sans scraps, elle est comprise entre 600 et 800 kilowatts-heure, suivant que la fonte est introduite dans le four à l'état liquide ou solide.

TABLE DES MATIÈRES

Pages

INTRODUCTION 5

CHAPITRE PREMIER

PROCÉDÉS ÉLECTROLYTIQUES POUR LA FABRICATION DU FER PUR

Procédés Burgess et Hambuechen. 7
Procédé Maximovitsch 9
Fabrication électrolytique du fer colloïdal. 11
Propriétés du fer électrolytique. 12
Bain électrolytique d'aciération. 15

CHAPITRE II

PROCÉDÉS ÉLECTROTHERMIQUES POUR LA FABRICATION INDUSTRIELLE
DE LA FONTE DE FER

Généralités. — Considérations techniques 17
Historique de la question. 20
Premiers essais de fabrication électrique de la fonte de fer. — Four
   Pichon 23
Fours Siemens. 27
Fours Shaw et Allis, De Laval, Urbanitzky, King et Watt. 30
Fours Héroult pour la production électrique de la fonte de fer : . 33
   Premier type d'appareil : four de Froges (1900). 33
   Deuxième type d'appareil : four de Froges (1904) 35
   Troisième type d'appareil : four de Sault-Sainte-Marie (1905). . 38
Haut-fourneau électrique Keller pour la réduction des minerais de fer. 41
Four Keller à capacités multiples 43
Traitement électrothermique des sables noirs ferrugineux : . . . 45
   1° Procédé Wilson. 46
   2° Procédé Chavenger 46
Procédé Bradley. 47
Fours Ruthenberg. 47

CHAPITRE III

FONTES SPÉCIALES FABRIQUÉES AU FOUR ÉLECTRIQUE

Pages

Généralités 49
Ferro-chromes. 49
Ferro-siliciums. 53
Ferro-manganèses 54
Ferro-molybdènes 56
Ferro-tungstènes 59
Ferro-vanadiums. 61
Ferro-phosphore. 65

CHAPITRE IV

L'ACIER ÉLECTRIQUE

Généralités 67

§ I. — FOURS A ÉLECTRODES OU A CIRCUIT ÉLECTRIQUE RÉSISTANT

Bessemer électrique Héroult 69
Procédé Keller. 72
Fours Stassano 73
Four Gin à canal résistant 77
Fours Girod. 80
Four Harmet 83
Fours divers : Couley, Cohn, Galbraith et Stewart. 85
Four Chaplet (Société de la Néo-Métallurgie) 88

§ II. — FOURS A INDUCTION

Four Ferranti 89
Four Saladin-Schneider. 89
Four de Gysinge-Kjellin 91
Four Hiorth. 93
Fours Gin. 94

ÉVREUX, IMPRIMERIE CH. HÉRISSEY ET FILS